癮型人
乾杯問答101

漫遊調酒世界不NG

癮型人 著

積木文化

目次

第三章　鄉野怪談 89

第四章　歷史探源 135

🍸 第五章 哈拉雞尾酒   *163*

🍾 第六章 調製有方   *197*

🍺 第七章 調酒師，給問嗎？　　241

自序

感謝你拿起這本書閱讀，讓我快速介紹一下這本書和我的第一本書《癮型人的調酒世界》有什麼不同。《癮型人的調酒世界》是我從開始接觸調酒與撰寫部落格後，系統性整理關於雞尾酒的知識，而這本《癮型人乾杯問答101》則是彙整這五六年來，我在近800場大小活動擔任講師時，最常被學員問的問題。

2017年，我們開始舉辦各種調酒活動與講座，也承接企業或機關在不同場合的活動，在活動結束前我總是會習慣問一句：「關於今天的內容，有沒有什麼想多瞭解，或是我沒有說清楚的地方？」大多數的時候臺下會靜默一片，因為大家最討厭要下課了還舉手發問的同學，何況是酒喝到一半聊得正熱絡的時候？

但有時只要有人問了第一個問題、同學反應也不錯的話，問題反而會多到令人難以招架。有些問題出現的頻率實在是太高了，高到我就像錄音機可以放出預錄的回答；有些問題會出乎意料，如果當下回得不太理想，我就會在活動結束查詢資料；如果是沒有正確答案，也不是看書或上網就能找到答案的問題，我就會想要怎麼回答，才能用比較輕鬆有趣的方式傳達想法、並引發同學自己的思考。

這本書能出版，要感謝這些在活動中勇於提出各種問題的同學，是你們促成了我的寫作發想。會主動參加調酒活動的學員通常有兩種：第一種把調酒當人生體驗，就像高空彈跳或各種手作，拍照打卡是一定要的，人生一定要試一次，但要不要第二次就再說；第二種是對調酒非常有興趣，會追根究底想知道「正確答案」，而且會問更深入的問題，像是不同材料的入手方式與區別、調酒技巧等。

第一種同學常問的問題，我集中在**哈拉雞尾酒、調酒師，給問嗎？**還有大家最有興趣、有在喝酒的人都會想知道的**鄉野怪談**，知道它們雖然對人生好像沒有什麼幫助，但喝酒時可以拿出來和朋友嘴一下沒問題！

第二種同學會問的問題，收錄在**入門酒識一把抓、酒外之物、調製有方**這三

個單元，如果對調酒有興趣，甚至想在家裡弄個小吧檯當個居家調酒師，希望它們能幫助你在家調酒，更上層樓。

歷史探源這個單元整合一些關於雞尾酒的歷史，補足我第一本書沒有提到的內容，還有最難在活動中回答的問題，寫給對雞尾酒真的非常有愛的讀者。

不同於撰寫文字，在活動中回答問題要考量時間控制、學員組成，還有當下的氛圍。因為時間不允許我講這麼多，其他同學不一定想聽，認真回答還可能會破壞當下正High的氣氛，所以活動中通常用簡單、大家可以理解的方式回答，未竟之處難免有點遺憾。這101個問題有些並不是同學原本的問句，而是經過轉換、試著理解同學的疑問後重新整理，希望用文字的方式呈現，更能表達我完整的想法。

每篇文章後面都會附上一杯跟主題有關的雞尾酒酒譜，它們幾乎不會用到需要自製的材料，所有的品項臺灣都買得到，也不會有太複雜的裝飾或工具需求。如果手邊有些基本的東西，一定能找到幾杯馬上就能動手調的酒譜！

酒海無涯，我仍持續在活動中與同學一起學習，還請各位多多指教。

癮型人

2022.11.10於米絲阿樂局

癮世箴言
·················

點什麼酒可以讓我看起來更有品味？
——不要問這種問題就可以了。

第一章

入門酒識一把抓

想知道一個以銷售調酒材料為主的門市，最常被客人問的問題有哪些嗎？本章收錄新手調酒人在入手材料時遭遇的諸多困境：怎麼挑、怎麼買、A材料和B材料有什麼不同……這樣，下次買酒就不會再問太外行的問題啦！

Yoyo 三重奏

001

這瓶酒適合純飲嗎？

　　米絲門市以販售基酒與香甜酒為主，「除了調酒，這瓶酒適合純飲嗎？」大概是我們最常被問的問題。

　　適不適合純飲其實很難回答，因為有些人喝酒是「酒來就喝」，有些人只要有一點不喜歡的味道就打槍，如果不能讓客人試飲，我們只能制式的回答：「可以試試，如果覺得太甜（濃、淡、刺激），就加冰塊（蘇打水、伏特加、檸檬汁）喝。」不過這個回答其實很爛，加其他材料就不是純飲啦！

　　但有些人問這個問題真正想知道的是：「這瓶酒夠不夠好？」他們認為普通的酒才會拿去調酒，好的酒純飲就可以了，我曾多次在門市聽客人討論會將酒分成「調酒用」跟「純飲」。確實高品質的酒純喝就很好喝，它們通常有酒精刺激性低、香氣豐富、口感柔和、風味平衡等特性，但是否會等比的隨著價格變高變更好喝就不一定，而且平價的酒有些也具備上述條件，別再這樣分類酒啦！

搖尾巴（Wagging）

技法：搖盪法
杯具：馬丁尼杯

＝材料＝

45ml 伏特加	60ml　葡萄柚汁
30ml 檸檬汁	15ml　純糖漿
1tsp　肯巴利苦酒	2dash　費氏兄弟葡萄柚苦精

＝作法＝

· 將所有材料倒入雪克杯，加入冰塊搖盪均勻
· 雙重過濾濾掉冰塊，將酒液倒入馬丁尼杯
· 噴附葡萄柚皮油，投入皮捲作為裝飾

＊這杯其實就是鹹狗（Salty Dog）的Twist（變化版），僅以此杯獻給陪伴我們家人17年的阿球。

---

002 | 龍舌蘭爲什麼有金色與透明的？

　　六大基酒中，琴酒、伏特加一般都是無色透明，威士忌與白蘭地則是以琥珀色金色爲主，即使對酒類較少接觸的人也知道，但蘭姆酒與龍舌蘭不同，常見的品項有透明也有金色，究竟兩者有什麼不一樣呢？

　　酒類的琥珀色澤通常來自兩部分：一個是**焦糖著色劑**，這是可以合法添加的材料，目的是讓每批次生產的酒色能保持穩定；另一種則是來自**橡木桶的陳年**。

　　不同於威士忌直接將陳放時間以數字標示於酒標（例如約翰走路12年），龍舌蘭的陳放時間是以文字表示的：

Blanco：沒有陳年，或存於不鏽鋼桶／橡木桶的時間不超過2個月。

Reposado：在橡木桶中陳放時間介於2個月到1年之間。

Añejo：在指定的橡木桶中陳年1年以上，因爲是高級品，經常被人用「啊捏賀」的發音戲稱。

　　另外還有兩種比較特殊的標示：

Gold：原爲西班牙文的Oro（金色之意），由於墨西哥政府規定，Blanco Tequila不允許放添加物，因此有了這種以無陳年龍舌蘭勾兌少量陳年龍舌蘭，再加上著色劑的品項，最知名龍舌蘭品牌——金快活（Jose Cuervo）的熱銷品項就是Gold Tequila，目的就是爲了讓它……看起來比較高級。但眼尖的消費者應該有發現，市面上金快活與銀快活（無陳年的版本），價格基本上是一樣的。

Extra añejo：2006年誕生的新標準，亦即陳年時間超過三年以上的品項，價格通常非常驚人。

　　總之，龍舌蘭金色與透明的差異，主要在於陳年時間與著色劑。說到這您可能會覺得很奇怪，爲什麼才陳年三年的龍舌蘭，就可以賣到逆天的價格？如果像

1800龍舌蘭的三種等級

威士忌放個十幾二十年，換算下來一瓶賣個公道價八萬一也合理吧？

事實上，龍舌蘭不是一個適合長久陳年的烈酒，首先是墨西哥Angel's Share[1]比例過高，長時間陳放會失酒[2]過多；其次是龍舌蘭風味最高峰的陳年時間是四五年左右，之後通常會改放到不鏽鋼桶儲存（換句話說，再陳放下去沒好處），就像干邑最後也會被放到玻璃瓶等待勾兌，只是人家干邑有桶陳四、五十年的潛力，龍舌蘭只有四五年這樣。所以啦，如果你聽到有人說這瓶是12、15年龍舌蘭，不要懷疑，假的！

蘿西塔（Rosita）

技法：攪拌法
杯具：古典杯

＝材料＝

45ml 龍舌蘭　　　　　　　15ml 甜香艾酒
15ml 不甜香艾酒　　　　　15ml 肯巴利苦酒
1dash 安格式芳香苦精

＝作法＝

．將所有材料倒入調酒杯，加入冰塊攪拌均勻
．濾掉冰塊，將酒液倒入已放入大冰的古典杯
．炙燒柳橙果乾，投入杯中作為裝飾

1. Angel's Share指酒在陳放過程中的自然揮發，以前的人以為是因為酒太好喝連天使都來偷喝，將此現象稱為天使的分享。每個國家、地區氣候不一樣，Angel's Share比例也不一樣，比例越高因陳放時間造成的成本損失也越大。
2. 酒精自然的揮發現象，放越久少越多，風味也有可能改變。

003 | 100%純龍舌蘭──
難道有不純的嗎？

　　龍舌蘭酒標上有些有**100% DE AGAVE**或是**100% Agave**的字樣，既然有100%的，是不是有不純的？Agave指的又是什麼？若想入手好一點的龍舌蘭，就讓我們從龍舌蘭的原料開始瞭解。

　　製作龍舌蘭酒的原料，是*Agave*屬的作物（即龍舌蘭屬，當地人稱為Maguey）。在眾多龍舌蘭屬作物中，以藍色龍舌蘭（Blue Agave）製作的酒品質最為優良，也是法規指定製作龍舌蘭的龍舌蘭，由於它在陽光照射下會呈現淡淡的藍色，因此得名。

　　製作龍舌蘭的龍舌蘭？聽到這裡是不是覺得有點繞口？因為龍舌蘭直接以作物的名稱命名酒，而不是常見的音譯（白蘭地＝Brandy，威士忌＝Whisky），所以有時候會看到鐵基拉、特吉拉這種回歸音譯的翻法。

　　根據法規，一瓶酒要標示Tequila出售，**製作的原料中至少要包含51%的藍色龍舌蘭**，另外49%可以使用其他原料（例如甘蔗）補足，這種有添加其他原料製作的龍舌蘭被稱為Mixto Tequila，但在酒標上看不到這個字樣（不純拿出來講不是很奇怪嗎），只要沒有看到100%標示，就知道是屬於這類的龍舌蘭。

　　那標示100%的龍舌蘭，除了藍色龍舌蘭以外真的沒有添加任何東西嗎？其實龍舌蘭有四種可以合法添加的成分，只要符合劑量標準甚至不用標示出來：

焦糖色素：用於維持每個批次生產的龍舌蘭顏色穩定。

糖：用於增添甜味，通常是龍舌蘭糖漿、玉米糖漿、蔗糖等。

橡木提取物：可以讓成品喝起來比實際陳放的時間更久（桶味更重）。

甘油：用於增進飽滿、濃稠的圓潤口感。

　　即使是100%龍舌蘭還是可能有添加物，它們原本是為了維持每個批次的品質穩定一致，在裝瓶前有最後修正的功用，但反而因此影響酒廠的製酒決策──

既然可以修正味道，那龍舌蘭作物就不用等到完全成熟啦，因為法規是限定添加物的「體積比」，在這個體積比內，現代科技可以做到的程度越來越厲害了。

　　想追求「真‧100%龍舌蘭」，上www.tequilamatchmaker.com網站可以查到無添加物的龍舌蘭品牌，有興趣就搜尋看看囉！

惡魔（El Diablo）

技法：搖盪法

杯具：可林杯

＝材料＝

45ml 培恩 Reposado 龍舌蘭 　　15ml 卡騰黑醋栗香甜酒

20ml 檸檬汁 　　　　　　　　　適量　巫山辛口薑汁汽水

＝作法＝

‧將前三種材料倒入雪克杯，加入冰塊搖盪均勻

‧濾掉冰塊，將酒液倒入可林杯，補入適量冰塊

‧倒滿薑汁汽水，以檸檬角作為裝飾

---

004 | 琴酒的藥草味怎麼來的？

六大基酒中，琴酒是唯一的「再製酒」。為什麼說是再製？因為它通常是用中性烈酒（Neutral Spirit）[1]為基底，再加入各式各樣的藥草與辛香料進行蒸餾，至於它們怎麼萃出味道，不同的酒廠有不同的方法。

第一種方法最直接，把中性烈酒浸泡藥草與辛香料一起加熱蒸餾，當乙醇汽化時，這些材料的芳香分子也跟著被帶出。由於乙醇是相當優異的有機溶劑，冷凝後這些芳香分子就被保留在酒液之中。如果這樣講覺得很抽象，不妨想像在煮火鍋，裡面有各種食材散發出的不同香氣，當鍋蓋掀開、水蒸氣伴隨這些香味上衝，如果把蒸氣收集起來進行冷凝，就可以收集到這些香氣，只是水不像乙醇可以留住這麼多的芳香分子。

第二種方法是蒸汽浸潤（Vapour Infusion），直接加熱中性烈酒，當乙醇汽化後，讓它通過裝滿藥草與辛香料的籃子（有點像蒸籠），當乙醇冷凝後就會帶有材料的香氣，知名的龐貝琴酒（Bombay Sapphire）就是以這種方式製作。

第三種方法稱為減壓蒸餾（Low-Pressure Distillation），利用乙醇的沸點會隨著壓力變小而變小的特性（在真空狀態下沸點甚至是負的），在低溫狀態下進行蒸餾，使用這種方法可以找到煮沸並萃取植物香氣的理想溫度。

不同琴酒品牌使用的材料，少則五六種，多則可能達到數十種，但非每種材料都適合像火鍋一樣放在一起煮，因此有些琴酒會依材料不同分批蒸餾，再進行調和。有些材料可能會在蒸餾完成後，再將材料「冷泡」在酒液中（如浴缸琴酒），有些則是直接加入材料萃取液，大受歡迎的亨利爵士琴酒（Hendrick's），就是以這種方式讓玫瑰與黃瓜的香氣畫龍點睛。

---

1. 使用柱式蒸餾器，將各種作物的發酵液蒸餾至酒精濃度95%。因為自行生產中性烈酒不符合經濟效益，大部分琴酒廠都是購買中性烈酒再進行加工。

詩人之夢（Poet's Dream）

技法：攪拌法

杯具：馬丁尼杯

＝材料＝

25ml 琴酒　　　　　　　　15ml 班尼迪克丁

25ml 不甜香艾酒

＝作法＝

・將三種材料倒入調酒杯，加入冰塊攪拌均勻

・濾掉冰塊，將酒液倒入馬丁尼杯

・噴附檸檬皮油，投入皮捲作爲裝飾

005 | 苦精真的會苦嗎？
放不放苦精差很多嗎？

在我們課程或是活動中，這題絕對可以列入最常被同學提問的前三名！當苦精以幾滴的用量、透過抖振的動作倒入杯中，很難不讓人產生興趣及疑惑……只加幾滴對味道會有影響嗎？會讓酒變苦嗎？

說到苦精，最知名的品牌莫過於**安格式芳香苦精**（Angostura Aromatic Bitters），它的前身誕生於1824年，由德國軍醫約翰・西格特（Dr. Johann Siegert）調配。當年他居住在委內瑞拉的安格式托拉鎮（Angostura），受到當地印第安原住民植物知識的啟發，以這帖靈丹妙藥拯救了西蒙・玻利瓦爾軍隊受腸胃疾病所苦的士兵。

19世紀中，雞尾酒文化隨著冰塊貿易普及，也開始有酒譜記錄苦精這項材料，西格特抓準時機，將苦精出口到其他國家，從藥品搖身一變成為雞尾酒好朋友。到了1870年代，他的兩個兒子繼承事業，並將公司遷移到千里達（現為千里達與托巴哥〔Trinidad and Tobago〕），隨著以Cocktail[1]為原型的曼哈頓、古典雞尾酒（Old-fashioned）成為時尚象徵，安格式就這樣成為苦精的代名詞，沒有之一。

千禧年以前，雞尾酒苦精的選擇不多，在臺灣連最有名的安格式都不太好買，但近年來各種苦精品牌陸續推出，每個品牌又會推出多種口味，舉凡辛香料、藥材、蔬菜、水果口味皆有，日本甚至還有櫻花、檜木、紫蘇，以及味道像濃縮柴魚高湯的旨味苦精！

苦精從最早帶苦味的腸胃藥，演變為Cocktail的四大基本元素之一，到了現在已經是完完全全地當成調味的材料使用。雖然名為苦精，但部分品項嚐起來一點也不苦，有些甚至還帶微微的酸甜呢！

隨著風味萃取技術進步與人們飲酒喜好改變，苦精很有可能成為調製雞尾酒

---

1. Cocktail一詞最早並非雞尾酒的統稱，而是眾多飲料調製法的其中一種，詳見〈055 為什麼馬丁尼是雞尾酒之王？〉。

的趨勢。使用苦精的優點是**易於保存**，因為大部分苦精都含有酒精⋯⋯而且還是烈酒！乙醇是最好的防腐劑，加上有些風味物質只溶於有機溶劑而不溶於水，但各種有機溶劑中毒的症狀都不太「蘇湖」，唯有乙醇~~中毒~~其實還蠻爽的，以烈酒為基底是最好的選擇。

其次是苦精能夠**量產複製**，近代酒吧很多都會使用自製材料，雖然誕生的創意調酒令人驚豔，但其他人難以複製的結果就是不容易普及，如果採用標準化的苦精、加上調酒師的創意，新一代的經典雞尾酒必定會開始扎根。

以往調酒想要有特定的風味，不是仰賴新鮮素材就是口味香甜酒。前者不易保存且味道不夠，或是難以迅速融入成品；後者雖然耐放，但味道可能有點假或帶有化學感──用太多會影響甜度或破壞平衡，用太少又沒什麼效果。但苦精只要用一點點效果就非常好，而且對喝甜較抗拒的現代人來說，苦精不止能增添風味層次，還有抑制甜度的功能，最重要的是風味還很自然呢！

一杯酒有沒有加苦精味道會差很多嗎？為了某幾杯調酒買一整瓶苦精值得嗎？還有，買了某個特殊口味的苦精能怎麼調？

風味上當然有差，問題是喜不喜歡。有些同學調古典雞尾酒或曼哈頓時，苦精根本往死裡加，因為他們偏好較強的苦味與風味層次，有些同學只滴兩三滴或根本不加⋯⋯人生已經很苦了，喝酒這麼苦是要做什麼？每當有同學執著想問到底有沒有差，我都會這樣問：你覺得吃鹽酥雞沒有九層塔是OK的嗎？有些人還好，但有些人是會跟你拼命的啊！

經典調酒誕生的那些年代，苦精不像現在有這麼多選擇，酒譜大多只有原味苦精（Aromatic Bitters），不會有特定口味。但現在不一樣啦！若你看到喜歡的苦精（現在真的什麼口味都有，什麼都不奇怪），就買回去試試看發揮創意，說不定有一天你那杯也會成為經典唷！

聽到酒名，「情～和～義，值～千～金」是不是差點就要開始跟著唱？
其實酒名的「It」是「Italian」的縮寫，指的是義大利的甜香艾酒，顧名
思義這杯酒就是由琴酒與義式香艾酒調製而成。

提到香艾酒（Vermouth），無論是義式還是法式品牌，大部分都會有不
甜、紅甜與白甜三種口味。但在19世紀晚期提到義式與法式香艾酒，多
半認為前者帶有甜味，後者比較辛口（Dry）不甜。

這也是以「老湯姆琴酒＋義式香艾酒」這種雙甜味組合的元祖馬丁尼，
在「英式倫敦琴酒＋法式香艾酒」雙不甜組合誕生後，必須重新加以命
名的原因（前方冠甜姓），對，我就甜，我全家都甜！

在過渡時期，這種「琴酒＋義式香艾酒」的喝法在當時的紐約被稱為甜
馬丁尼，到了禁酒令時期（1920～1933），又被簡稱為Gin & It，唸起來是
不是真的很像情義呢？所以我說那個誰，在酒吧要帥翻不要點什麼超Dry
Martini，真文青請點Gin & It好嗎？（雖然大部分的Bartender會不知道你
要幹嘛……）

琴和義（Gin & It）

　　　技法：攪拌法

　　　杯具：馬丁尼杯

＝材料＝

　　　35ml　高登琴酒

　　　25ml　紅香艾酒

　　　1dash　安格式柑橘苦精

＝作法＝

　　　·將所有材料倒入調酒杯，加入冰塊攪拌均勻

　　　·濾掉冰塊，將酒液倒入馬丁尼杯

　　　·以糖漬櫻桃串作爲裝飾

安格式苦精

NOTE 👉 **安格式苦精**

·爲什麼酒標都比酒瓶大？安格式的酒標上緣遠超過瓶身，看起來就像戴了羞羞圈。據說有一次西格特兩兄弟參加酒類競賽，一位負責將酒送到會場，另一位負責印製酒標，但兩人沒協調好，印出的酒標比酒瓶多了一大截，眼看比賽在即只好貼標硬著頭皮上。賽後，裁判建議兩人將這個當成產品特色，於是酒標比酒瓶大的傳統就這樣一直沿用到現在。

·裡面有哪些原料？當安格式苦精開始商業化生產，比例與配方變成絕對的祕密，世界上知道配方的只有五個人，他們不能搭同一班飛機，甚至不能一起用餐，説到這裡是不是讓你想到可口可樂？

·眞的有「療效」嗎？以往苦精被當成腸胃藥使用，內含能緩解腸胃不適，以及促進食慾幫助消化的藥材。現在雖然已經有很多取代的藥物，但還是有人宿醉時會將苦精加入蘇打水飲用，喝完打幾個嗝後真的會舒服很多，至於有沒有其他療效……安慰劑的效果可能比較大吧！最後，有江湖傳言説安格式苦精抹在身上可以驅蚊，這點我已經幫各位試過，假的。乾。

日本苦精

各式苦精

006 | 香艾酒、苦艾酒傻傻分不清楚？

就從馬丁尼這杯酒來聊聊，調製馬丁尼用的到底是香艾酒還是苦艾酒。

馬丁尼的基本組成材料是琴酒（通常是London Dry Gin）加上一種名為 Vermouth的加烈葡萄酒（Fortified Wine），中文早期多將它翻譯為苦艾酒，像是名偵探柯南的臺版動畫，一開始將代號為Vermouth的組織成員翻譯為蓓摩特（後來改為苦艾酒），就是Vermouth的音譯。Vermouth是在葡萄酒中加入烈酒與藥材辛香料製作，酒精濃度約在17%左右，通常用於經典雞尾酒或是當開胃酒飲用。

苦艾酒又是什麼呢？苦艾酒俗稱艾碧斯，是原文Absinthe的音譯。話說千禧初期臺灣引進第一支苦艾酒，酒商行銷時幾乎不提品牌名稱，只用大麻酒、綠仙子等聳動噱頭銷售，讓許多消費者以為艾碧斯是一瓶特定的酒款。事實上 Absinthe是一種酒類的統稱，使用高濃度烈酒製作，有些品牌甚至有出將近90%的品項。看到加方糖、冰水，甚至是點火燒飲用的，就是Absinthe，它除了略帶甜味外，也有著濃濃的藥草香氣。

以前醫療沒那麼進步，酒在製作過程中經常會加入藥草，有病治病、沒事喝爽的，像是加入金雞納樹皮（奎寧）用於瘧疾防治。一種名為苦蒿（Wormwood）的藥材也是常見成分，用於促進食慾、緩解消化不良等症狀。

有一種說法認為，**Vermouth一詞就是從Wormwood演變而來**（重複唸快一點試

香艾酒與苦艾酒

試看），當加烈葡萄酒已經不用於治病強身，就開始往好喝的方向調整口味，雖然現在的成分不一定含有苦蒿，但名字卻是由苦蒿演變而來。臺灣會將Vermouth翻為苦艾酒，就是因為苦蒿又被稱為苦艾草。

苦蒿也是製作艾碧斯的聖三一草（另外兩種是茴芹與茴香）之一，但艾碧斯在20世紀初開始陸續被世界各國列為禁酒，其中被認定為有毒物質的成分就是苦蒿，於是合法酒商改為製作去除苦蒿成分的茴香酒，酒標上也無法再標示Absinthe販售。

那艾碧斯為什麼也翻譯為苦艾酒呢？苦蒿的俗名是Wormwood、學名則是*Artemisia absinthium*，也就是說以往用苦蒿製作的兩種酒，一種用苦蒿的俗名命名，另一種則是以苦蒿的學名命名，一切謎題都解開了……啊不對，這場子應該是……真相只有一個！

最後總結一下：

Vermouth是加烈葡萄酒，現在成分不一定含有苦蒿，而且比較新的翻譯應為「香艾酒」，調製馬丁尼、曼哈頓等雞尾酒就是用它。

Absinthe是藥草烈酒，解禁後在某些國家甚至還有苦蒿含量的限制，你可以繼續稱呼它為艾碧斯，但現在大多翻譯為「苦艾酒」，如果誤用它調馬丁尼，應該會喝到讓你懷疑人生，濃爆！

苦艾酒蘇伊薩斯（Absinthe Suissesse）

技法：搖盪法

杯具：馬丁尼杯

＝材料＝

45ml 法式苦艾酒	10ml 杏仁糖漿
30ml 蛋白	30ml Half&Half*
2tsp 白薄荷香甜酒	1dash 安格式柑橘苦精

*鮮奶與鮮奶油各半打勻。

＝作法＝

· 將所有材料倒入雪克杯，加入冰塊搖盪均勻

· 雙重過濾濾掉冰塊，將酒液倒入馬丁尼杯

· 以薄荷葉、橙皮絲作為裝飾

* 搖盪前建議先用攪拌器打勻所有材料。

苦艾酒蘇伊薩斯（超簡派版本）

　　想做苦艾酒蘇伊薩斯、又覺得備料太麻煩嗎？以下提供超方便、調製超簡單的調製法，只要在巷口超商買盒香草冰淇淋與鮮奶茶，加上苦艾酒就可以調啦！

技法：直調法

杯具：白蘭地杯

＝材料＝

45ml 法式苦艾酒

45ml 鮮奶茶（買熱量標示最高的那瓶）

半盒 香草冰淇淋（推薦「爽」冰淇淋）

＝作法＝

· 杯中裝入適量冰塊，倒入前兩種材料攪拌均勻

· 將冰淇淋挖入杯中，以可可粉與薄荷葉作為裝飾

　　這杯酒要邊攪拌邊喝，隨著冰淇淋融化風味也會有所改變。你／妳也有一位害怕苦艾酒的朋友嗎？下次調這杯給他喝喝看吧！

007 苦艾酒加水加冰，為什麼會變得白白濁濁的？

　　我們在苦艾酒的活動中會讓同學用冰滴壺，體驗最假掰經典的法式喝法，當冰水緩慢滴入苦艾酒，會發現酒液從透澈逐漸變得混濁，到最後呈黃綠色澤，這是什麼原因呢？

　　即使是不同的烈酒，裡面的主成分幾乎都相同，也就是「乙醇＋水」，造就酒與酒香氣之間的差異，主要來自**溶於酒液中的香味分子（芳香化合物）**。

乳化過後的酒液

非冷凝過濾的標示

乙醇可說是最優質的有機溶劑，因為大部分的有機溶劑中毒症狀都不是太舒服，唯有乙醇中毒好像……還蠻爽ㄉ，而且不只是酒，香水也是用乙醇當有機溶劑，就是因為乙醇能讓這些分子穩定地存放。

　　苦艾酒含有植物精油，它們在高酒精濃度（瓶中）的狀態相對穩定，當冰水滴入導致酒精濃度降低，這些不溶於水的成分就會被析出、呈現乳白的變化，冰滴後喝起來的圓潤口感，一部分就是來自這些油份的析出。

　　由於不同化合物溶於酒精的條件不同，冰滴飲用苦艾酒時不妨多嘗試各種程度的稀釋，感受不同稀釋程度的風味變化，冰滴

後的苦艾酒濃度低、口感圓潤，即使放到常溫還是很易飲，在低溫不會出現的香味也會變得明顯，想不到吧？只是加水就能有這麼多飲用樂趣！

NOTE ☞ 冷凝過濾

另一種會造成酒類混濁的是溫度變化。酒在熟成過程中會產生酯類，在低溫狀態下（或酒精濃度太低）會呈現白霧狀，這就是為什麼有些威士忌在常溫狀態下是透澈的，但加了冰塊飲用就會呈現混濁的狀態。

這些分子析出導致的混濁，可能會讓人對酒質產生疑慮（酒都在喝了在乎這個幹嘛呢），因此威士忌在裝瓶前，會將酒液快速冷卻，讓這些分子提前析出並加以過濾，這道程序稱為冷凝過濾（Chill-Filtered），不為別的，就是要除去這些物質。

有趣的是，現在有些威士忌會標榜**非冷凝過濾（Non Chill-Filtered）**，感覺好像很膩害，事實上少了這道程序反而更節省成本，在以前冷卻設備不發達的年代更不可能有這道程序。既然如此酒廠為什麼要特別強調呢？這是因為有些人認為：冷凝過濾好像讓酒**少了**些什麼，還我原汁原味來！

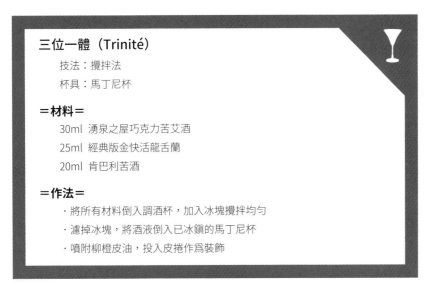

三位一體（Trinité）

　　技法：攪拌法
　　杯具：馬丁尼杯

＝材料＝
　　30ml 湧泉之屋巧克力苦艾酒
　　25ml 經典版金快活龍舌蘭
　　20ml 肯巴利苦酒

＝作法＝
　　‧將所有材料倒入調酒杯，加入冰塊攪拌均勻
　　‧濾掉冰塊，將酒液倒入已冰鎮的馬丁尼杯
　　‧噴附柳橙皮油，投入皮捲作為裝飾

008 白蘭地為什麼那麼貴？

　　貴的不是白蘭地，貴的是干邑白蘭地（Cognac）。

　　干邑白蘭地在臺灣隨著經濟起飛流行了好一段時間，使得大部分臺灣人印象中的白蘭地就是干邑白蘭地。事實上，廣義的白蘭地，泛指以水果進行發酵與蒸餾的烈酒。

　　在大賣場或是菸酒專賣店，一千元就能買到很好的伏特加、龍舌蘭、琴酒、威士忌與蘭姆酒，卻沒辦法買到干邑白蘭地。臺灣早期進口干邑以V.S.O.P.與X.O.為大宗，V.S.等級幾乎沒有進口[1]，而V.S.以價格來看，應該是最適合調酒的選擇。即使到現在，臺灣還是有個很特殊的現象：V.S.比V.S.O.P.更貴更難找，因為進口V.S.等級干邑的酒商不多，量也不大，且以中小型品牌為主，考量成本下售價當然不可能便宜，也因此酒吧調製干邑白蘭地調酒，反而仍以V.S.O.P.為主。

　　不過，近期各大品牌都有推出別於傳統干邑分級的品項，例如軒尼詩就在2009年推出Hennessy Black，鎖定飲用調酒的族群為目標進行推廣，外型也有別於傳統透明玻璃瓶，以黑色亮面瓶身呈現，相當吸睛，雖然內容物符合V.S.等級（V.S.以上V.S.O.P.未滿），卻捨棄了V.S.的標示。如果干邑雞尾酒開始流行、這類品項大量進口，或許價格有機會能更親民些。

　　如果覺得干邑實在是買不下手，不妨考慮其他的法國白蘭地。聖－雷米（St-Rémy）是法國銷量最高的白蘭地，調製長飲型調酒效果也還不錯，只是少了Cognac國家認證，V.S.O.P.的價格連干邑的一半都不到、X.O.更只要五分之一（只是它的標示意義與干邑不同，參考就好），對入門者來說確實是個不錯的選擇。

---

1. 編注：V.S.、V.S.O.P.與X.O.皆指干邑白蘭地裡混釀酒液中，最年輕的酒液在橡木桶中陳放的年數，依序為2年、4年以及10年以上。

白蘭地費克斯（Brandy Fix）

技法：搖盪法

杯具：古典杯

＝材料＝

60ml 干邑白蘭地　　　15ml 檸檬汁

20ml 鳳梨糖漿　　　　1tsp 黃色夏特勒茲

＝作法＝

· 將所有材料倒入雪克杯，加入冰塊搖盪均勻

· 濾掉冰塊，將酒液倒入裝滿碎冰的古典杯

· 以糖漬櫻桃作為裝飾

鳳梨糖漿

＝材料＝

鳳梨、砂糖、伏特加

＝步驟＝

1. 將一顆鳳梨去皮切成小塊狀，放入附蓋的平底保鮮盒

2. 加入大量砂糖，蓋上蓋子搖晃，讓糖均勻附著於果肉

3. 放入冰箱靜置 24 小時，期間想到就去給它搖晃一下

4. 將底部的液體倒出，加入該液體量約 1/10 的伏特加

　　製作完成後，裝瓶冷藏保存。以上是製作鳳梨糖漿步驟最簡單、使用工具最少的作法，剩下的鳳梨可以直接食用，或是炙燒後食用。鳳梨糖漿不只能調製白蘭地費克斯，有鳳梨汁的調酒也可以用（請自行斟酌是否要再加糖）。極高的含糖量與烈酒讓它能延長保存期限，就算不調酒，平常拿來加水當飲料喝也不錯！

009

萊姆酒／蘭姆酒，到底怎麼唸？

Limoncello

接觸調酒多年，有件事情我至今仍難以理解：為什麼十個臺灣人裡，會有九個將「蘭」姆酒唸成「萊」姆酒？即使是看著蘭姆酒三個字唸也一樣唸錯，那，真的有叫作萊姆酒的酒嗎？

蘭姆酒是一種主要以甘蔗糖蜜為原料製作的烈酒，也是調製雞尾酒最常用到的基酒之一。而萊姆是一種類似檸檬的水果，市面上確實有用萊姆調味的香甜酒Lime Liqueur，除了純飲，也能用於調酒，但說真的相當少見。

而那些以檸檬製作，不僅有許多市售罐裝品項，也是義大利當地家庭很常在家DIY的，是一種名為Limoncello的檸檬酒。聽名字很像一種喝起來很酸的酒，其實Limoncello一點都不酸，而且市售品項幾乎都偏甜。

如何在家自製 Limoncello

Limoncello的製作很簡單，全部只要四個材料：**食用酒精**（或高濃度伏特加例如生命之水）、**黃檸檬**、**糖**與**水**。工具的部分需要**削皮刀、濾網、漏斗**，以及一個**可密封的容器**。

❶第一個步驟是最「搞剛」的：把檸檬洗淨後削皮，建議用削皮刀且施力不要太大，盡可能避免削下內部白膜的部分。削下的檸檬如果沒有要立刻榨汁使用，可以用保鮮膜完整包覆後，置於冰箱冷藏備用。

❷將檸檬皮與生命之水放入密閉容器。為什麼要用這麼兇殘的96%？這是因為成品最後要勾兌糖漿調製，如果酒精濃度不夠，最後放在冷凍庫靜置時很可能會結凍。

❸靜置密封容器，在一個禮拜內每天找個時間搖晃一下，讓檸檬片充分浸漬於酒液內。

❹接著是煮糖漿，以**體積比＝3（糖）：2（水）**的比例，將兩種材料放入鍋中，煮到砂糖完全溶解即可關火。記得不要煮沸（所以請使用飲用水），煮好的糖漿放涼後，裝入罐中置於冰箱冷藏保存。

❺浸漬到第七天左右的酒液，檸檬皮的顏色已經析出，酒液會呈現淺淺的黃色。打開聞聞看很像高濃度的檸檬精油，非常的香，但這時候絕對不要拿來喝，食道會灼傷啊～會灼傷～（敲響板）

❻拿出其中一片檸檬皮看，會發現顏色已經褪去，而且皮呈硬化狀態。如果不想浪費這些檸檬皮物盡其用，可以稍加清洗後放入消毒酒精瓶內，噴手消毒的時候還會有淡淡的檸檬清香。

❼將酒與糖漿以1：1的比例攪拌均勻，我們用了500ml的生命之水，最後就是勾兌500ml的糖漿。攪拌完成後**酒液會變得混濁是自然現象，**

Limoncello製作步驟對照

因為不溶於水的成分會在此時析出。

❽將混合液過濾後倒入瓶中，蓋上瓶蓋就完成啦！先別急著喝，Limoncello很甜而且酒精濃度很高，最爽快的喝法是凍飲尻Shot，同時降低酒精感與甜度。就先把它放入冷凍庫放個一天吧！

　　Limoncello怎麼喝？除了當飯後純飲的甜點酒，夏日午後直接加冰塊與蘇打水飲用也很消暑，還可以當成檸檬香甜酒使用，製作簡單又容易保存。不在家裡弄個幾瓶來玩玩嗎？

010 伏特加喝起來不是都一樣，價差怎麼這麼大？

我們經常在伏特加的活動中，聽到同學有類似的疑問，像是各種品牌看起來、聞起來和喝起來都差不多，或是跟乾洗手、消毒酒精與保健室鐵罐裡棉花的味道有什麼兩樣？

一瓶伏特加如果沒有另外加糖或其他添加物，液體中其實只有兩個主要成分：乙醇（C_2H_5OH）與水（H_2O），但是便宜的伏特加大約兩百多塊，頂級伏特加可能高達數千元，酒商要如何說服消費者花這麼多錢去買一瓶「乙醇＋水」，而不是去買食用酒精回來自己套水呢？不是差不多嗎？

伏特加在行銷時，會特別強調幾個其他烈酒通常不會提及的差異。首先是**水**，一瓶伏特加有超過一半是水，兌水時最簡單也最不影響風味的是添加蒸餾水，但如果你聽到酒商說這是「XXX湖冰川融水」、「西伯利亞純淨無污染的自流井」、「OO島純淨冰山水」勾兌的伏特加，會不會覺得特別好喝呢？

伏特加不像琴酒會加入藥草與辛香料再製，也不像威士忌、白蘭地會進行陳年吃到桶味。當材料越單純，水的差異會相對明顯（如果喝得出來），像是常說的軟水、硬水，就是在表達同樣是水，礦物質含量不同導致的口感差異。

第二個是**蒸餾次數**，大部分烈酒都是進行1~3次的蒸餾，只有伏特加會特別強調5次、8次，甚至有品牌強調高達34次的蒸餾。理論上，蒸餾越多次得到的酒液就越純淨，但也意味著成品會越來越接近純的乙醇，原物料的風味也容易消失（成本也會比較高）。

因此當有同學問什麼樣的伏特加是「好的」，我通常會說「蒸餾出純淨、口感柔順、但仍能保留原物料風味的伏特加」，但這樣的回答有點酒商官腔，其實只要香氣喜歡，酒精刺激感低，我覺得就是不錯的伏特加。

第三個是**過濾方式**，伏特加裝瓶前會進行過濾，去除顏色與異味，傳統是以

活性碳過濾（你家那臺Brita濾心會流出的黑色小點點，就是它），快又有效。但如何強調自家品牌與眾不同呢？那就換個方式過濾吧！

所以有些品牌會強調多次過濾或使用特殊材質過濾，像是布料、石英、水晶、黃金甚至是鑽石。用它們過濾，是不是真的有比較厲害呢？這部分真的就只能親口嘗試，才知道是不是噱頭了。

聽完酒商的行銷術語，接著我們來聊酒客長談。有些人會告訴你不好的伏特加喝完隔天容易頭痛宿醉，好的伏特加不會，其實這句話只對一半。不好的伏特加或許因為製程而有較多雜質殘留，但好的伏特加喝多了一樣會宿醉好嗎？另一個可能是如果喝貴的（心中覺得好的）伏特加，會喝得比較慢、比較少，如果是便宜的，就會尻Shot或吹瓶，不宿醉也難啊！

有人認為蒸餾取得95％、近乎純乙醇的液體，最後又加上兌水、過濾的程序，理論上最後的成品應該是差不多，這句話也只對一半。即使是連續式蒸餾器，也會有類似傳統蒸餾產生的酒頭與酒尾，這部分的取捨攸關成本，但也會影響到內容物，或許就是這細微的差異，造就一瓶伏特加的好壞也說不定。

那……伏特加的好壞喝得出來嗎？純飲已經很難，調酒加入其他材料後是不是更難了？如果有客人這麼問，我們通常會說：「短飲調酒建議選好一點的伏特加，調製長飲普通的就可以了。」這是合理、客人也容易理解的話術，但它的潛臺詞其實是：「好的伏特加，就是能感受到差異的伏特加」，再講更白一點就是：「喝得出來，再說吧！」那什麼是好喝的伏特加呢？我的建議是：伏特加的行銷聽聽就好，與其討論好壞不如回到喜好，實際喝喝看就對了！貴的不一定好喝，反之亦然。

我們曾在伏特加的活動做過數次實驗，讓大家盲飲四款原料不同、酒精濃度相同的伏特加，最後再選出最喜歡的一杯。

第一款是我很喜歡的俄羅斯小麥伏特加——俄羅斯斯丹達（Russian Standard），第二款是法國葡萄伏特加——詩洛珂（Cîroc），第三款是臺灣的玉山伏特加（以甘蔗糖蜜為原料），第四款是食用酒精，加逆滲透水預先勾兌至40％的濃度。

數十次活動下來，詩洛珂毫無懸念總是獲得最多人（尤其女性）的喜愛，斯丹達雖然比玉山多一點票、但也好不到哪裡⋯⋯還好食用酒精那杯大家還是喝得出來不太OK。而且不管是誰，都能在一次品飲多款的過程中感受到差異⋯⋯一種就算說不出來、也知道不一樣的感受。

下次有朋友跟你說伏特加喝起來都一樣、不好喝是在貴幾點，給他試試雪樹（Belvedere）、灰雁（Grey Goose）、鱘龍魚（Beluga）、帝威（Imperia）這幾瓶，還是不行就出絕招詩洛珂，如果連詩洛珂也無法，這輩子可能真的與伏特加無緣了。

NOTE ☞ 詩洛珂與伏特加戰爭

詩洛珂能賣得這麼好、知名度高又受歡迎，除了行銷真的很厲害，重點還是好喝，帶有檸檬、柑橘的清新香氣，是使用穀物製作的伏特加難有的特色，而且口感柔順到讓人懷疑是否真的有40％，不得不說它真的是一瓶能給人全新感受的伏特加。

釀製詩洛珂的葡萄品種主要是Ugni Blanc（白玉霓），它也是釀製干邑白蘭地的主要葡萄品種，也因此這瓶酒能不能算是伏特加曾經引起爭議。生產傳統伏特加的地區被稱為伏特加帶（Vodka Belt），以俄羅斯、北歐與東歐國家為主，他們以穀物為原料進行蒸餾，但以前並沒有對伏特加的原料有嚴格的定義，仍有少數品牌以糖蜜或其他原料進行製作，當詩洛珂逐漸崛起、威脅到傳統伏特加的市場時，就在歐盟引起了名為伏特加戰爭（Vodka War）的事件。

最後的結果是：詩洛珂贏了，只要它們在瓶身上標示原料是葡萄即可，真是贏了裡子又賺了面子（標示葡萄感覺更高級呢），這幾年他們還推出有點玩文字遊戲的品項──Cîroc VS，雖然不能標示為Cognac但標示French Brandy總可以吧？

2007年，原本銷售量就不錯的Cîroc找了藝人吹牛老爹代言，透過他的知名度與精湛的行銷手法，短短兩三年就讓Cîroc銷售量爆增數十倍，剛好2009年歐巴馬當選美國總統，把Cîroc推上頂峰的他就在訪問中戲稱自己是Ciroc Obama，網路上還能找到同名雞尾酒，有興趣就搜尋看看吧！

最後分享一個知道了對人生也沒有什麼幫助的酒知識。有客人發現有些

翻譯這瓶酒為稀石而非音譯，也注意到它的第二個字母是î不是i。Cîroc是法文，可拆解為「山峰」與「石頭」兩字，因為製作Cîroc的第二種葡萄品種Mauzac的產地加亞克（Gaillac）海拔很高，這山上的石頭（葡萄園的石牆）想必甚為稀少，翻譯為稀石不錯，想像高峰搖滾感覺更Rock啦！

紅色高跟鞋（Red High Heel）

技法：搖盪法
杯具：葡萄酒杯

＝材料＝

30ml　詩洛珂伏特加	30ml　草莓香甜酒
15ml　荔枝香甜酒	10ml　奇異果香甜酒
30ml　檸檬汁	2tsp　純糖漿
3~4 顆　新鮮草莓 *	

＝作法＝

· 雪克杯放入草莓、倒入伏特加，以搗棒將草莓搗碎
· 倒入其他材料與冰塊，搖盪均勻 [1]
· 夾出冰塊後，將酒液連同果肉一起倒入酒杯
· 將草莓浸泡檸檬汁，將糖粉附著其上，作為裝飾

* 如果沒有新鮮草莓可以用草莓果泥代替。選擇大型的冰塊搖盪，最後比較容易挑出冰塊留下果肉。

011 櫻桃白蘭地、櫻桃香甜酒、黑櫻桃酒有什麼不同？

調酒經常會用到櫻桃酒，但在酒譜中有櫻桃白蘭地、櫻桃香甜酒、黑櫻桃酒等標示，原文可能是Cherry Brandy、Maraschino、Kirsch，翻成中文又再搞混一次，到底這三種櫻桃酒有什麼不同呢？

先從最單純、但相對冷門的**Kirsch**開始（有些標示kirschwasser，是一樣的酒），以中文翻譯Kirsch，「櫻桃蒸餾酒」、「櫻桃生命之水」、「櫻桃白蘭地」是比較精準的。

這種酒是以櫻桃為原料進行榨汁、發酵與蒸餾製作而成的烈酒，**酒液透明酒精濃度極高，口感完全不甜**，味道濃郁還帶有類似高粱的麴味。很少有經典調酒指定使用Kirsch，最經典的可能是玫瑰（Rose）與海峽司令（Straits Sling）。

那Kirsch除了調酒還能怎麼喝呢？如果是重型醉漢，推薦您冷凍尻Shot，或是當成浸泡各種水果的基底酒。

第二種是**Cherry Liqueur**（櫻桃香甜酒）或Cherry Brandy（櫻桃白蘭地），但後者無論中文英文都不是很恰當。因為廣義上的白蘭地，是指以水果為原料進行蒸餾的烈酒，而且用以產生酒精的原料，必須是該水果本身。

所以真正的櫻桃白蘭地應該是Kirsch才對，只是大家已經將錯就錯了這麼久，將許多香甜酒都冠以Brandy（還好這個現象越來越少了，已經很少再有香甜酒新品牌將產品命名為XX Brandy）

在酒譜看到櫻桃香甜酒或櫻桃白蘭地，指的通常是用中性蒸餾酒或其他酒當基底（因為用Kirsch的經典調酒真的太少啦），再調入櫻桃汁、酸甜劑與各種香料製作的酒，口感與香氣比較接近我們印象中櫻桃的味道。

第三種黑櫻桃酒、**Maraschino**或是音譯為瑪拉斯奇諾，就是經典調酒最常

用到的品項，蠻多人以為Maraschino即是Luxardo酒廠的這瓶酒，其實Maraschino是一種酒的種類，只是最有名最經典的品牌就是Luxardo。

雖然很多調酒人都熱愛Maraschino，但在我們活動中第一次接觸到它的同學反應通常不是很好，甚至會選擇不加這項材料，因為它雖然名為櫻桃酒，香氣卻不像櫻桃香甜酒那樣讓人聯想到櫻桃，反而有股濃郁的杏仁味。

前年，Luxardo第六代繼承人與品牌大使，曾來臺灣並在米絲辦過調酒講座，活動中同學提問：「為什麼Maraschino並不是很典型的櫻桃味？」大使回答：「Luxardo Maraschino特別之處，在於製作出櫻桃蒸餾酒後，會加入櫻桃樹的枝、葉、花、果（一條龍概念）浸泡，裝瓶前還會進行陳年。」

總之，如果要好喝大眾化、簡單好調，就選瓶好喝的櫻桃香甜酒；要調製最多經典雞尾酒，就入手Maraschino；至於Kirsch嘛……我的觀察啦，第一次喝Kirsch十個人有六個人很不喜歡（蹙眉閉眼），兩個會說勉強能喝（面露難色），一個會說我可以（尷尬又不失禮貌的微笑），最後一個會變狂粉，但這種天選之人兼練武奇才實在是太少了，建議不妨等前兩瓶都試過，再考慮入手。

婚禮鐘聲（Wedding Bells）

技法：搖盪法
杯具：笛型香檳杯

＝材料＝

25ml Luxardo 莫拉克之血櫻桃香甜酒　　15ml 亨利爵士琴酒

20ml 多寶力　　　　　　　　　　　　20ml 柳橙汁

＝作法＝

· 將所有材料倒入雪克杯，加入冰塊搖盪均勻

· 濾掉冰塊，將酒液倒入淺碟香檳杯

· 以食用花卉作為裝飾

012 | 香甜酒味道這麼假，
為什麼還要用？

　　為了特定調酒而買的香甜酒，調製後剩下的都用不完，是許多調酒人的困擾。如果能以超簡派的方式大量消耗還好，最怕的是純喝難喝又不好調，真的只能擺著當裝飾，或是拿來招待交情不太好的朋友（誤）。

　　這衍生出同學常見的疑問：**能不能用新鮮水果代替香甜酒？**某些香甜酒味道很不自然，為什麼酒吧調酒還是在用呢？自己在家調酒不能用好一點的材料嗎？

　　就營業場所來說，相較於新鮮材料，香甜酒有保存容易、品質穩定（就算不好喝也是穩定的不好喝）、方便取得以及便宜等優點，這是最現實的成本考量。

　　我們平常接觸到太多各種口味的加工食品，對於某些「口味」的既定印象其實與食材原味差異甚遠，例如水蜜桃香甜酒喝起來幾乎都假假的，哈密瓜香甜酒的味道反而比較接近軟糖的味道，但您是否想過真的水蜜桃味道其實並不強？如果不強化水蜜桃最主要的香氣分子，會沒辦法讓人聯想到水蜜桃，但強化這些香氣分子的結果就是讓味道不太真實。

香甜酒

香甜酒味道強但不自然，新鮮材料味道弱，但貴在真實。雖然忠孝難兩全，但調酒不會——只要結合這兩種東西下去調就好啦！我們在活動中混用香甜酒與新鮮水果的調酒，一直以來都很受歡迎，甚至遠超過只用新鮮材料的調酒！

這種調酒的公式就是「**烈酒＋新鮮水果＋香甜酒＋酸＋甜**」。

烈酒選蘭姆酒、伏特加一類的白色烈酒比較大眾化，陳年烈酒也可以但接受度就很看個人口味。新鮮水果與香甜酒選擇相同或是能搭配的，例如新鮮荔枝搭荔枝香甜酒、或是新鮮草莓搭配奇異果香甜酒，而酸指的是檸檬汁或其他酸味水果，最後再以糖漿調整甜度。

第一種推薦的是霜凍（Frozen）調酒。酒譜中的材料比例僅供參考，因為新鮮水果的酸甜度起伏很大。這種調法也能邊打邊加材料：先打水果、香甜酒與烈酒，再加入少量冰塊一起打，接著試味道，再酌加酸與甜，隨著液體越加越多冰塊也要跟著加，冰塊太少冰塊與液體會呈現分離狀、太多會打不勻殘留大顆粒，如果抓不好這樣調會越調越大杯，最好的方式就是找朋友一起來分享啦！

霜凍能處理一些很難榨汁入酒的水果，像是香蕉、莓果類等，但不是每種水果都適合霜凍，有些水果纖維太多或是帶皮有籽都會影響口感，這類水果推薦另一種調法，如第二個酒譜範例。

草莓黛綺莉（Strawberry Daiquiri）

技法：混合法

杯具：飛碟杯

＝材料＝

90ml　白色蘭姆酒　　　　45ml　草莓香甜酒

30ml　檸檬汁　　　　　　25ml　純糖漿

2~3 顆　新鮮草莓

＝作法＝

· 將所有材料倒入調理機，加入適量冰塊後蓋好上蓋

· 先以中轉速攪拌材料，待顆粒較小後以高轉速攪拌

· 攪拌至冰沙狀態、無明顯顆粒彈跳聲即可停止

· 將冰沙倒入杯中，以草莓切片作爲裝飾

巨峰莫希托（Kyoho Mojito）

技法：直調法

杯具：長飲杯

＝材料＝

60ml　白蘭姆酒　　　　　20ml　巨峰紫葡萄香甜酒

30ml　檸檬汁　　　　　　1tsp　純糖漿

8 顆　巨峰葡萄　　　　　適量　薄荷葉

適量　蘇打水

＝作法＝

· 將葡萄香甜酒倒入杯中，投入 12~15 片薄荷葉

· 以搗棒輕壓薄荷葉，再投入葡萄確實搗壓出汁

· 倒入其他材料，攪拌後依口味調整酸甜

· 加滿碎冰，補適量蘇打水至滿杯

· 將材料攪拌均勻，以葡萄結合薄荷葉作爲裝飾

　　不過濾果渣與薄荷葉的優點是味道會比較夠，缺點是飲用時吸管很容易堵住，如果在步驟三完成後以濾網過濾、只取酒液，就能避免這種情況。

013 | 我應該選藍柑橘香甜酒 還是藍柑橘糖漿？

　　有些雞尾酒會指定使用藍柑橘香甜酒（Blue Curaçao Liqueur），像是藍色夏威夷（Blue Hawaii）、藍色珊瑚礁（Blue Lagoon）等，當你希望成品呈現藍色色澤，也可以考慮加入它們。那我應該選擇香甜酒還是糖漿呢？香甜酒一瓶要五六百元，糖漿只要百來塊，看起來好像選糖漿比較划算齁？

　　如果同時有香甜酒與糖漿可以選，我會建議選擇香甜酒。想調玫瑰口味，就選玫瑰香甜酒而不是玫瑰糖漿；想要綠色效果，就選綠薄荷酒而不是綠薄荷糖漿。相較於糖漿，香甜酒還是有些優勢的。

　　首先，雖說酒精與糖分是最天然的防腐劑，但糖漿會過期，香甜酒卻能保久（前提是保存在適當的環境下）。其次，加入糖漿會降低整杯酒的酒精濃度，而香甜酒不會。最後是甜度，香甜酒通常甜度較低，如果不夠甜可補純糖漿，在調整酒譜上比較好操作。當然啦，如果糖漿的味道明顯優於香甜酒、又沒有其他品牌可以選擇的時候，還是選糖漿！

　　入手藍柑橘香甜酒還有什麼用途呢？就用它替代白橙酒吧，例如調瑪格麗特，就會變成藍色瑪格麗特；用它取代長島冰茶的橙酒，就是電子冰茶（Electric Iced Tea）。還有很多其他調酒，就發揮你的創意吧～

　　經常有客人在米絲調酒賣場的藍柑橘糖漿底下提問：「請問這個有摻色素嗎？」雖然小編都會很客氣地回答：「有的，均符合國家食安標準請放心。」但我們心裡其實比較想這樣回：「難道你有看過藍色的柑橘嗎？」我們防腐劑、色素摻好摻滿，絕對不偷工減料唷！

藍色珊瑚礁（Blue Lagoon）

技法：直調法

杯具：可林杯或其他長飲杯

＝材料＝

30ml 伏特加   30ml 藍柑橘香甜酒

20ml 檸檬汁   適量 蘇打水

＝作法＝

‧將前三種材料倒入可林杯，加入冰塊攪拌均勻

‧補適量蘇打水，稍加攪拌（或先不攪拌製作漸層效果）

‧以柳橙片作爲裝飾

＊想讓口味更大眾化，可用雪碧或七喜替代蘇打水。

014 | 燒酎和清酒是一樣的東西嗎？

有幾次在門市介紹日本酒時很驚訝地發現：有些客人分不太清楚清酒與燒酎。或許是因為它們都來自日本，而且上面都有大大的漢字酒標，不細看真的很容易讓人誤會。

以水、米麴和米為主要原料進行發酵等程序製成的釀造酒，我們和外國人都稱為清酒（さけ，Sake）。由於這個字在日文可用來統稱酒類，如果指的是清酒，日本人通常會以日本酒（にほんしゅ，Nihon syu）稱之。

清酒是釀造酒，由於採用特殊的酵母與製程，酒精濃度會略比葡萄酒高，大多在15%上下，但相較於烈酒濃度還是低很多，原因就在於釀造酒少了「蒸餾」這道程序。清酒飲用時通常是純飲，不會特別調製。

製作燒酎的原料不只有米，最常見的原料是地瓜（日文稱為芋）、米還有麥，分別製成芋燒酎、米燒酎還有麥燒酎，除此之外還有蕎麥、黑糖等材料。因為有經過蒸餾，燒酎的酒精濃度較高，最常見的是25%，雖然也可以純飲，但通常會簡單調製後飲用

相較於清酒，臺灣飲用燒酎的風氣並不盛，但在日本燒酎可是居酒屋的標配，它們通常以高球（Highball）的方式飲用，簡稱**酎ハイ（Chuhai）**，除了加碳酸飲料的喝法，加冰塊、兌水、兌熱水、調果汁喝的方式也很常見。燒酎的酒精度說高不高、說低不低，放進冷凍庫雖然無法結凍，但會呈現近似冰沙的狀態，喝起來幾乎沒有酒味，冰到腦門的快感在夏天尻起來相當過癮。

不過燒酎其實是近代才開始流行的。1960年代以前，燒酎一直給人臭臭的、窮人在喝的劣酒形象，到了1970年代，地球另一端的美國捲起伏特加熱潮，日本的宝酒造株式会社看到商機，製作出一款名為「純」的精緻燒酎，強調純淨口感，推薦凍飲與調酒。

「純」在日本掀起飲用燒酎的熱潮。這種近似伏特加，柔順無雜味的口感，一掃以往燒酎給人的形象。1980年代，居酒屋開始推廣燒酎加碳酸飲料、果汁、糖漿製作沙瓦等調酒，大受年輕人歡迎，持續至今。此類調酒不只在居酒屋喝得到，便利商店也可以買到罐裝的燒酎調酒。

21世紀初，本格燒酎又再帶起一波熱潮，這種燒酎是乙類燒酎[1]的一種，指的是不添加糖、除了水以外不能有添加物，以及製作原料必須符合規範的燒酎。本格燒酎更能保留原料的特色，只要純飲或兌水就很好喝，各酒造也開始陸續推出高端的燒酎品項，讓更多人體驗到燒酎的美好。

要怎麼開始嘗試燒酎呢？喜歡喝清酒建議從米燒酎開始，它喝起來像高濃度的清酒，但沒有清酒的酸甜口感；麥燒酎像是風味比較淡雅的威士忌，我最喜歡用它做高球；最特別的是芋燒酎，它有一個很強的甜香，喝起來會有帶甜味的錯覺，加冰塊喝就很好喝。

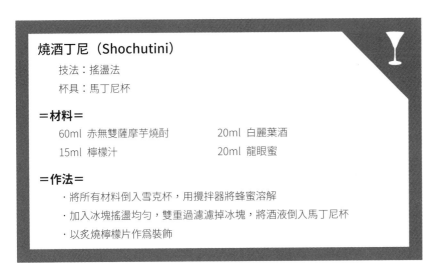

燒酒丁尼（Shochutini）

技法：搖盪法
杯具：馬丁尼杯

＝材料＝

60ml 赤無雙薩摩芋燒酎 20ml 白麗葉酒
15ml 檸檬汁   20ml 龍眼蜜

＝作法＝

· 將所有材料倒入雪克杯，用攪拌器將蜂蜜溶解
· 加入冰塊搖盪均勻，雙重過濾濾掉冰塊，將酒液倒入馬丁尼杯
· 以炙燒檸檬片作為裝飾

1. 日本將燒酎分為甲類與乙類，前者使用連續性蒸餾器製作，是風味近乎純酒精的燒酎，在日本的超市可以看到好幾公升裝的版本，俗稱大碗，是餐飲通路調酒的最愛。

015 | 高粱也能調酒嗎？

不只是高粱，蠻常有客人問：小米酒、梅酒、藥酒、清酒、燒酎……這些酒能不能調酒？酒就是酒，當然可以調呀！但如果是問有沒有經典雞尾酒酒譜，只能很遺憾地說——幾乎沒有，但或許以後可能會越來越多。

畢竟雞尾酒是發源與發展於洋人的玩意兒，迄今已有兩百多年歷史，許多經典調酒都是歷經時間的考驗流傳下來。雞尾酒正在發展的時間點上，亞洲酒款還未進入調酒市場，當然很難成為經典雞尾酒的材料。即使是雞尾酒文化發展較早的日本，也是以洋酒為材料調製，像是竹子（Bamboo）、百萬美元（Million Dollar）等發源於日本的調酒，創作者甚至還是來自美國的德國人——路易斯·艾平格（Louis Eppinger）。

但沒有發展成「經典雞尾酒」材料的酒，不代表它們沒有被用來調酒，既然是喝的東西，沒有道理不能拿來調。如果不拘泥於經典雞尾酒，或能接受從經典做些變化，這些酒都可以拿來調酒。

第一種最常見的調法是調**碳酸飲料**，它能快速讓酒達到適飲的酒精濃度。最不影響風味的是蘇打水，通寧水適合搭配透明或帶有藥草風味的酒，薑汁汽水微微的辣度特別適合搭配甜酒。可口可樂就更不用說了，曾有同學跟我說「沒有什麼酒是可樂不能調的，如果有，一定是酒的問題」（堅定的眼神）。

第二種是**酸味調酒**，只要有檸檬汁（或其他酸味果汁）和糖漿，幾乎所有的酒都能這樣調，三種材料比例自行拿捏，短飲、長飲、霜凍或是以莫希托（Mojito）的方式製作都行，最後再用蘇打水調整酒精與風味濃淡，是守備範圍最廣的調法。

第三種是**替代經典雞尾酒的材料**，像是將清酒當成香艾酒用的清酒丁尼（Saketini），或是用小米酒取代琴酒、梅子取代柑橘果醬的美而美馬丁尼（名字

我亂取的）……內格羅尼一定要用琴酒嗎？試試看高粱吧！

第四種是**發揮創意**，聞到、喝到某種酒的當下，讓你想到搭配什麼東西？梅酒……綠茶……梅子綠！要用真綠茶還是綠茶酒？要用什麼基酒提高酒精度？大鵰……這個不就臺灣野格嗎？除了炸彈有沒有其他玩法？

總之，沒有不能調的酒，只有喜不喜歡的問題，下次拿到不知道如何處理或純喝又喝不下去的酒，不妨試試看以上幾種調法喔。

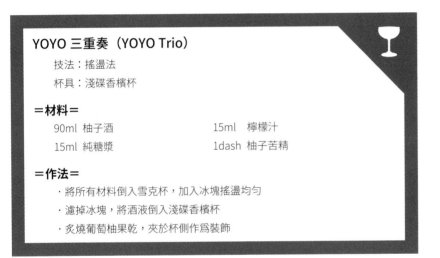

YOYO 三重奏（YOYO Trio）

技法：搖盪法

杯具：淺碟香檳杯

＝材料＝

90ml 柚子酒　　　　　15ml 檸檬汁

15ml 純糖漿　　　　　1dash 柚子苦精

＝作法＝

・將所有材料倒入雪克杯，加入冰塊搖盪均勻

・濾掉冰塊，將酒液倒入淺碟香檳杯

・炙燒葡萄柚果乾，夾於杯側作為裝飾

雖然說雞尾酒是歐美洋人的玩意，但其實早在一千多年前的宋朝，喝酒已經有很多花招，宋朝陶穀（904~971）所著《清異錄》的〈酒漿門〉中，有著以下敘述。

魚兒酒

裴晉公，盛冬常以魚兒酒飲客。其法用龍腦凝結，刻成小魚形狀，每用沸酒一盞，投一魚其中。（這⋯⋯這不就是Infuse藥草的酒嗎？）

雜瑞樣

酒不可雜飲，飲之，雖善酒者亦醉。蓋生取煮煉之殊，官法私方之異，飲家之所深忌。宛葉書生胡適，冬至日延客，以諸家群遺之酒為具。席半，客恐，私相告戒，適疑而問之，一人曰：「某懼君家百氏漿。」次曰：「所畏者雜瑞樣耳。」（古人就有不可以混酒的概念，話說這個集體確診的喝法，如果是我應該吃到一半也會嚇尿。）

舠籌獄

荊南節判單天粹，宜城人。性觥酒，日延親朋，強以巨盃，多致狼狽，然人以其德善，亦喜從之。時戲語曰：「單家酒筵，乃舠籌獄也。」（「強以巨杯，多致狼狽」很有畫面，還有⋯⋯原來尻Shot地獄早在千年前就有了。）

快活湯

當塗一種酒曲，皆發散藥，見風即消，既不久醉，又無腸腹滯之患，人號曰「快活湯」，士大夫呼「君子觴」（今晚，我想來點⋯⋯快活湯。）

甕宮集大成

雍都，酒海也。梁奉常和泉病於甘，劉拾遺玉露春病於辛，皇甫別駕慶雲春病於釅，光祿大夫致仕韋炳取三家酒，攪合澄窖飲之，遂為雍都第一，名「甕宮集大成」。甕宮，謂耀州倩榼。（甘：辛：釅＝1：1：1，宋朝就有甕宮集大成ㄅ，內格羅尼快來叫學長！）

016 | 要怎麼知道一瓶酒有沒有壞掉？

喝喝看（誤）。

我在活動中很驚訝地發現，原來很多同學不知道**烈酒其實沒有保存期限！**門市有些買酒的客人也會在意效期，才發現不只是烈酒，大部分香甜酒也沒有保存期限的標示，這是不是代表它們可以無限期保存呢？

烈酒因為不含糖分與胺基酸，在高酒精濃度下微生物也無法存活。因此，除非是在極其惡劣的狀態下保存，才有可能壞掉，不然阿公家裡那些放了幾十年的干邑白蘭地，怎麼還有老酒收購的商人敢買回去賣？

但烈酒長期存放還是有兩個問題，一個是**失酒**，另一個是**軟木塞變質**，進而毀了整瓶酒。雖然這種酒喝了不會有事，但會有個很不討喜的味道。

不過調酒人不用擔心這些，因為我們不會把酒放十幾二十年，而且大部分調酒用到的品項也很少使用軟木塞，還保有軟木塞的經典調酒材料大概只剩柑曼怡與多寶力了吧？

酒精濃度太低的香甜酒會標示保存期限，開瓶後建議吹瓶冷藏，它們通常有新鮮水果或容易變色的材料，放太久就算沒有壞掉，光看就覺得不太好喝，而且濃度這麼低還喝不完，不是顯得自己很廢嗎？。

酒精濃度中等的香甜酒無保存期限，它們同時受到適量酒精與糖的保護，在相對穩定的保存環境能放很久，只要沒出現懸浮物與怪味，都可以放心使用。

高酒精濃度香甜酒就更不用擔心了，比照烈酒辦理。但是，所有香甜酒用完後要記得擦拭瓶口，因為殘留的酒液乾掉後會結出糖，容易引來螞蟻群屍，久了還會讓瓶蓋生鏽，流出類似墨綠色的汁液，出現這種狀況建議換個瓶子裝酒。

香甜酒

　　調酒會用到的材料，只有兩種建議盡早使用完畢，第一種是奶酒。現在大部分產品都開始標示保存期限，放太久的奶酒會出現硬塊，但說真的要「陳年」到這種程度要相當久，在保存期限內喝完就算沒有冷藏，也不用擔心這個問題。

　　第二種是葡萄加烈酒（Fortified Wine），包括香艾酒、雪莉酒、波特酒、麗葉酒等以葡萄酒為基底、再加入烈酒製作的各種酒，這些酒開瓶後一律建議冷藏，除了延緩氧化速度，沒事還可以拿出來純尻。其實就算不冷藏、放很久它們也不會真的壞掉，就是顏色會變很快，我們有同學翻出放近十年的開瓶香艾酒帶給大家試，喝過後有不少人反而「尬意」這味。

　　我們調製長島冰茶二代這杯酒，還會刻意用放一段時間的香艾酒，放久的版本會讓成品更像煙燻烏梅汁。具體作法是這樣：開瓶香艾酒用掉一半後，開瓶新的倒入將舊的補滿，新瓶繼續陳放，舊瓶用完後，重複相同的步驟，就可以一直維持穩定的風味，是一個香艾酒索雷拉（Solera）[1]的概念。

1. 編注：即新舊酒調和，以平衡香氣和口感，類似做麵點時混入老麵的概念。

我也曾遇過未開瓶的高濃度香甜酒出現不明懸浮物，或是長期存放後酒液顏色變得相當詭異的狀況，遇到這兩種狀況都不要再使用，因為就算它們沒有壞掉也不會太好喝。喝酒已經很不健康了，不要再這樣虐待自己好嗎？

　　什麼是相對穩定的保存環境？原則上就是**陰涼、無日曬、不潮濕的空間**，我們有許多客人都大推兩個絕佳的儲藏點：床底下或衣櫃裡，即使屯太多也不會被家人發現你在酗酒研究調酒，完全符合絕佳環境的條件！

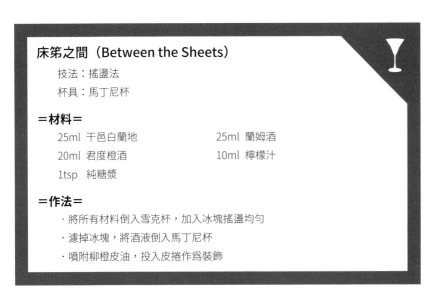

床笫之間（Between the Sheets）

　　技法：搖盪法

　　杯具：馬丁尼杯

＝材料＝

25ml 干邑白蘭地　　　　25ml 蘭姆酒

20ml 君度橙酒　　　　　10ml 檸檬汁

1tsp 純糖漿

＝作法＝

・將所有材料倒入雪克杯，加入冰塊搖盪均勻

・濾掉冰塊，將酒液倒入馬丁尼杯

・噴附柳橙皮油，投入皮捲作為裝飾

017 | 這杯酒一定要用這瓶酒調製嗎？

每次活動結束後，都會有同學想買當天調製的雞尾酒材料回家，這時候最常被問到的問題就是：「這杯酒（指活動調的雞尾酒）一定要用這瓶酒調嗎？」

這個問題可能有兩個意思，第一個是他自己已經有某個同類型的酒（像是不同品牌的蘭姆酒），想問能不能用家裡的那瓶調就好。其實只要不要真的差太大，我們都會回答：「可以，而且還會有不同的風味感受」，像莫希托這種無敵調酒，我們甚至會鼓勵同學什麼酒都嘗試調調看，常見的酒譜網站或書籍也很少指定品牌，就像食譜通常也不會指定特定品牌的食材，是一樣的道理。

另一個意思則是「你們為什麼選這瓶酒調這杯酒？」如果是這樣，我通常會回答：「這是嘗試過一些品牌調製後，與同事討論的決定」，但其實遇到某些酒款缺貨時，我們也會有替代的選擇。

同樣一杯酒，選用不同的基酒或香甜酒產生的差異，就連味覺比較不敏感的人也能輕易察覺（同時呈現的話）。有些調酒師對成品的風味組合非常執著，比方某間店突然喝不到某杯酒，可能是因為XX酒**停產／沒有進口／缺貨／風味改變**，調酒師認為味道「不對了」就不出了，更執著的調酒師還會請人找酒或是從海外購買呢！

既然差異如此大，還能選別種酒調嗎？當然可以，差異大並不代表一定是好壞之分，甚至好壞其實也很主觀，居家調酒咩，何必那麼執著呢？一般人不會在家裡每種酒都買好多個品牌，當然是有什麼就用什麼，假設特別喜歡琴通寧、馬丁尼，就在琴酒的品牌上多入手幾個選擇進行比較。

調酒一段時間後，可能會驚喜地發現某些材料結合會產生自己很喜歡的風味，此時一定要把它記錄下來，因為它們能成為日後想創意調酒的「基調」，以這樣的組合為基礎，再結合其他材料調出自己的風格。

我發現某些組合相當受歡迎，像是法國Dita荔枝跟Bols奇異果香甜酒、Prucia與樂傑草莓、皮姆一號與堤芬紅茶酒（Tiffin）、迪莎羅娜（Disaronno）香甜酒與ABS香草伏特加、安格式（Angostura）5年蘭姆酒與Benedictine等，這些組合一旦替換品牌或風味改變，就不是原本想要的味道了。

　　回到一開始的問題，最後我通常會這樣回答：「如果某個品牌你純喝就覺得好喝，用它調酒你應該也會喜歡；如果你喜歡剛剛調的酒，就選這個牌子吧！」

老爺車（Classic Car）

技法：攪拌法

杯具：馬丁尼杯

＝材料＝

60ml　安格式 5 年蘭姆酒　　　　20ml　班尼迪克丁

1dash　安格式芳香苦精

＝作法＝

‧將所有材料倒入調酒杯，加入冰塊攪拌均勻

‧濾掉冰塊，將酒液倒入已冰鎮的馬丁尼杯

‧噴附柳橙皮油，投入皮捲作為裝飾

＊2011年，為了紀念我人生第二臺車而發想的調酒。

瘾世箴言

每個飲酒人在酒吧都有無法忍受的事
對我來說使用常溫碳酸飲料是唯一死刑。

第二章

酒外之物

要讓在家調酒更具儀式感，免不了優雅的杯具與各種裝飾物，還有取得優質的副材料讓成品風味更佳。本章收錄關於雞尾酒杯的知識，以及裝飾物、副材料扮演的角色與取得方式，讓您在家調酒也能做出接近酒吧的好風味。

西班牙琴通寧

018 調酒爲什麼要加蛋？

　　有些同學第一次發現調酒會用到雞蛋感到驚訝，一部分可能是對於食用生蛋的疑慮，也有可能單純出於好奇。調酒，為什麼會用到蛋呢？有時反問同學「你覺得為什麼？」會得到「為了營養」這種答案，呃……已經在喝酒了，怎麼還會在意營養呢？喝酒就是最不營養的事情啊～

　　蛋白與其他材料搖盪後會讓成品產生綿密的泡沫，不僅能增添口感，酒精刺激感也會降低。想讓泡沫更多、更浮誇有兩個方式，第一種是搖盪前先用攪拌器（奶泡器）打過，第二種是搖盪完成後，去掉冰塊再進行一次Dry Shake[1]；雙管齊下，效果更佳喔！

　　調酒加了蛋白是否會影響味道呢？剛濾冰倒出、成品還很低溫的狀況下，影響的主要是口感。只是蛋白調酒大多為短飲，酒液溫度升高後蛋腥味會慢慢突顯，因此調酒師會滴灑苦精，或是灑肉荳蔻、肉桂粉等辛香料，不只是為了裝飾，同時也有抑制腥味的效果。不過，若灑的東西客人不喜歡反而弄巧成拙，而且辛香料效果極其有限，如果點了蛋調酒，還是喝快一點吧！

　　如果要一次調製大量使用蛋白或蛋黃的調酒，不妨考慮向食品材料行購買**殺菌蛋液**，不僅省去一顆一顆打蛋的麻煩，經過殺菌的蛋液衛生安全，成品蛋腥味出現得更慢也更耐放，而且蛋白和蛋黃可以分開，避免浪費。

　　調酒加入蛋黃則會增加酒液的濃稠度並略帶甜味。要注意的是，蛋黃在低溫狀態下容易凝結，搖盪前最好將所有材料用攪拌器打勻，再迅速加入冰塊搖盪。

　　調酒比較常用到蛋白，剩下的蛋黃怎麼辦呢？我想起手搖飲料開始普及的那個年代，有杯超受歡迎的飲料——蛋蜜汁，就是使用到蛋黃的飲料，加上其他新鮮材料讓它看起來營養又好喝。可惜，這款飲品在市面上已經喝不太到，有點淡淡的哀傷，如果想懷舊這杯古早風味，醉漢版本的蛋蜜汁，家裡調起來！

1. 編注：常見於含蛋白調飲的搖盪法，不急於在一開始加入冰塊，而是先將濾冰匙上的彈簧拆下後放入搖盪，再加入冰塊搖盪。

蛋蛋的哀傷（Egg's Sorrow）

技法：搖盪法

杯具：馬丁尼杯

＝材料＝

45ml 伏特加 15ml 檸檬汁

15ml 柳橙汁 15ml 鮮奶

20ml 蜂蜜   1 顆　蛋黃

＝作法＝

‧將所有材料倒入雪克杯，以攪拌器打勻

‧雪克杯加入冰塊，搖盪均勻

‧濾掉冰塊，將酒液倒入馬丁尼杯

‧以柳橙片作為裝飾

019 | 雞尾酒的果雕可以吃嗎？
用不用裝飾物有差嗎？

　　如果是食物的話，當然可以吃呀。不過我發現許多人想問的其實是「吃果雕會很俗嗎？」我常用生魚片的蘿蔔絲與紫蘇葉解釋，它們有食用價值也有其他用途，像是前者可以吸收水份、清味覺，後者可以去腥、分隔魚肉等，但不是每個人都會選擇吃掉，雞尾酒的果雕也是。

　　雞尾酒的果雕大致可以分成幾種，第一種本來就是預設要吃掉的，比如說血腥瑪麗上吃完會有點飽的食物串，還有附在另一個杯中，沒有放入馬丁尼內的橄欖，創意調酒就更不用說了，有些根本就是佐酒的小點。

　　第二種是會改變風味的裝飾物，經典調酒最常用的就是柑橘類皮油，同學們會覺得噴附皮油的動作很神奇，其實它就是我們平常剝橘子柚子時手上會沾附到的東西，如果還是不知道那是什麼，對著眼睛噴噴看就知道了（誤），炙燒果乾則是會出現焦糖與水果的強烈香氣，但它跟果皮一樣，炙燒後已不適合食用。

　　第三種是辛香料的粉末，像是可可粉、肉桂粉與豆蔻粉等，它們通常用於有蛋、奶一類容易產生腥味的調酒。但說真的，蛋與奶只要新鮮，要考慮的反而是飲用者喜不喜歡這些香料，我們在活動中很多同學最後會選擇不加，或是只灑一點意思意思一下。有些會玩火的店家，能透過燃燒辛香料粉末製造華麗的視覺效果，但在家裡嘗試千萬要小心，不要調酒調到火燒厝。

　　第四種裝飾物同時有可食用與不可食用的部分，就像提基（Tiki）調酒喜歡用酒叉、鳳梨、櫻桃、鳳梨葉與人見人愛的……小雨傘。調酒最常見的檸檬片（角）雖然不適合直接吃，但很多人酒喝完了會將它投入杯中，然後用吸管或攪拌棒戳出味道，再加水調製檸檬水慢慢喝。

　　第五種是花卉或植物葉片，它們有些是新鮮的，有些則是乾燥的。新鮮的食用花卉與葉片，可在部分貴婦超市少量購買（選擇很多），乾燥的版本可以自行

製作，由於它們較難固定，有時會搭配小木夾使用。

　　有一種說法認為，雞尾酒的裝飾中，純粹的裝飾物稱為Decoration，會對風味產生影響的稱為Garnish，但視覺與嗅覺都是飲食感受的一部分，如果調酒都不做裝飾物，除了每杯酒看起來會很像，飲用的樂趣也會少了許多。

　　還有一種調酒，裝飾物才是本體；馬丁尼的裝飾物是橄欖還是皮捲可以討論，柯夢波丹要放檸檬片還是柳橙片每個人看法不同，但像是超麻煩的馬頸（Horse's Neck），沒有切那長長的檸檬皮捲就未免太說不過去啦！

颶風（Hurricane）

技法：搖盪法

杯具：颶風杯

＝材料＝

30ml 白蘭姆酒　　　　30ml 短陳年蘭姆酒

30ml 柳橙汁　　　　　20ml 檸檬汁

2 顆　百香果果肉　　　適量 紅石榴糖漿

＝作法＝

· 將糖漿以外的材料倒入雪克杯，加入冰塊搖盪均勻

· 濾掉冰塊，將酒液倒入颶風杯，補入適量冰塊

· 倒入紅石榴糖漿沉於底部，以櫻桃與橙片作為裝飾

020 | 要怎麼榨出不苦澀的檸檬汁？

去年我在家裡翻出多瓶長輩長年存放在家中的干邑白蘭地，是七〇年代、還是菸酒公賣局時代進口的品項，想說獨樂樂不如眾樂樂，就在門市辦了一個用老干邑調酒的活動。

說到白蘭地調酒，最經典的當然是側車（Sidecar），這是一杯以干邑、橙酒、檸檬汁與糖漿調製的雞尾酒，既然都用到最好的基酒，其他材料也得精挑細選才不會浪費；橙酒有君度與柑曼怡兩種選擇，糖漿則是最單純的純糖漿（只有糖與水煮成），這兩種材料還好，最難搞的……就是檸檬汁了！

檸檬汁除了酸味與澀味，還有苦味。苦味主要的來源是檸檬籽和中、內果皮（白色瓣膜），榨汁時去籽、避免過度擠壓、過濾果渣，都能降低果汁裡面的苦味，但這次我們「搞剛」一點，來榨出**幾乎不帶苦味的檸檬汁**。

首先將檸檬洗淨、切除兩端到些微露出果肉。接著想像自己在剝柚子，將檸檬一瓣一瓣挑，只取汁囊（果肉）的部分，挑出籽也避免果皮，果肉附著果皮的部分直接捨棄。

將取出的果肉放在濾網上，以搗棒擠壓出汁，收集在杯中即可準備調酒，如果同時用一般方法榨汁，不妨比較看看兩者的差異，只挑果肉榨汁的檸檬會有一個很純粹的酸味，幾乎不帶苦味。

用這種方式榨的果汁會少了一些檸檬特有的複雜風味，但是側車完成後能用噴附皮油的方式補足香氣，也因為檸檬汁不苦，糖的用量可以更少（推薦使用低甜度的鸚鵡糖），銳利的酸度更能襯出干邑的特色。

還有一個調製側車的小訣竅：雖然大部分酒譜是用Triple Sec，也理所當然會選君度橙酒。如果手邊有勾兌白蘭地製作的柑曼怡，可以替代君度或混用，讓成品味道更加豐富。

公賣局側車（TTL Sidecar）

技法：搖盪法

杯具：馬丁尼杯

＝材料＝

50ml 從阿公家翻出的老干邑　　　10ml 柑曼怡與君度各半

20ml 超搞剛檸檬汁　　　　　　　1 顆　鸚鵡糖

＝作法＝

· 將檸檬汁倒入雪克杯，加入鸚鵡糖搗碎

· 倒入酒類材料，加入冰塊搖盪均勻

· 濾掉冰塊，將酒液倒入已冰鎮的馬丁尼杯

· 噴附檸檬皮油，以皮捲作爲裝飾

021 雞尾酒杯的名字是誰取的？

雞尾酒常用杯型　　　　　　　　　　　　　　　　馬丁尼杯

古典杯　　颶風杯　　可林高球杯　　酷樂杯　　茱莉普杯

托地杯　　司令杯　　烈酒杯　　瑪格麗特杯　　酸味酒杯

雞尾酒杯的名字，就是經典雞尾酒的名字，因為某種雞尾酒總是搭配特定的杯子裝盛，久而久之大家就以酒名稱呼杯子，而能夠拿來命名酒杯的雞尾酒，都是經典中的經典。

　　馬丁尼杯，就是以有「雞尾酒之王」稱號的**馬丁尼**命名。馬丁尼杯還有曲腳、甚至是無腳的設計。

　　而所謂的「威士忌杯」，其實它有一個更正式的名稱——古典杯，它以經典調酒**古典雞尾酒**命名，因為飲用時通常會加冰塊，又被稱為Rock杯（Rock在調飲術語中指的是冰塊）。

　　常用於盛裝熱帶調酒的颶風杯，也是以源於紐奧良的經典調酒——**颶風**（Hurricane）命名，這是一杯原本只有高濃度蘭姆酒、百香果糖漿與檸檬汁的調酒，現在則是以改良版本的酒譜調製。

　　高球、**可林**（Collins）都是直筒狀的長飲杯；如果廠商同時有兩種杯型，後者會比前者大一些。高球是指「酒＋碳酸飲料」的調酒，後者則是「酒＋酸＋甜＋碳酸飲料」。日本人在居酒屋點酒時說XX Hi，指的就是以XX酒調高球的意思。由於**殭屍**（Zombie）這杯酒通常也用可林杯，有時會以Zombie Glass稱之。

　　酷樂（Cooler）是一種「酒＋酸＋甜＋碳酸飲料＋碎冰」的調酒，它通常為平底、略為寬口、大容量的設計。講酷樂調酒很多人可能不知道，但知名的莫希托就是完全符合這種結構的調酒。

　　茱莉普（Julep）是一種「烈酒＋糖＋碎冰＋薄荷葉」的調酒，杯具通常以金屬製作，有些會鍍色，特色是飲用時酒杯外層會結霜。

　　托地（Toddy）是熱調酒，經典調酒如熱托地（Hot Toddy）就是以威士忌、蜂蜜、檸檬、辛香料與熱水調製，通常有握把設計避免燙傷。知名調酒愛爾蘭咖啡（Irish Coffee）也用類似杯型盛裝，因此又被稱為愛爾蘭咖啡杯。

　　司令（Sling）調酒最有名的一杯莫過於新加坡司令。司令杯的設計是短杯腳、有底座、細長且略為寬口，容量並不大。

　　烈酒杯（Shot Glass）通常用於純飲或是調製Shooter。所謂Shooter，泛指盛

裝在Shot杯的調酒，它可能是原本就以單杯呈現（例如B52），或是調酒完成後以Shot杯進行分裝（例如調製一杯白色佳人〔White Lady〕，再分成好幾個Shot這樣）。

瑪格麗特杯（Margarita Glass）的設計是高腳、寬口、大容量，底部有凹槽的設計，除了裝瑪格麗特，也很常用來裝各種霜凍雞尾酒（Frozen Cocktail）。

酸味酒杯（Sour Glass）是調製酸味調酒（Sour）的杯型，它的造型有的近似馬丁尼杯，有的則近似笛型或淺碟香檳杯，有杯腳、容量通常不會太大。

最後是近代開始流行的**氣球杯**（Copa de Balón），它的造型近似勃根地酒杯，現在又被稱為**琴通寧杯**。奇怪，它怎麼跟想像中的琴通寧酒杯不太一樣？

NOTE ☞ Spanish-style 琴通寧

西班牙式的琴通寧，與傳統的琴通寧有什麼不一樣呢？兩個字：浮誇，而且是有內容的浮誇——高級琴酒、U質通寧水、多種水果、各種辛香料與香草，根本就是把調酒當插花吧？

說到西班牙調酒，大多數人可能會想到發源於安達魯西亞的桑格利亞（Sangria）。但西班牙在全球琴酒消費量名列前茅，想當然就是喝琴通寧喝掉的，而他們這種浮誇式的琴通寧，則是發源於北部的**巴斯克地區**（Basque）。

巴斯克地區有全球最高的米其林餐廳人均，密度之高，是個隨便吃都可能吃到星星的地方。21世紀初，西班牙喝琴通寧的風氣已經很盛，開始有廚師思考如何創作出在地風格的琴通寧，並將它們放在菜單之中。

廚師們將食材、辛香料、花卉、香草植物與水果用於調酒，並搭配大冰塊與氣球杯呈現，當時剛好有許多優質通寧水如Fever-Tree、Fentimans與Thomas Henry陸續推出，就在這樣天時地利人和的背景下，Spanish-style的琴通寧誕生了！

用氣球杯調琴通寧有幾個好處：它容量大能放入更多想搭配的材料，縮口設計能聚集香氣讓飲用者細細品味，優雅的高腳杯搭配調酒師創意，根本就是喝的藝術品來著！沒過多久，這種喝法傳入英國，接著就在全世界流行了起來。

就像能發揮無限創意的血腥瑪麗，發展出以吃為主、喝為輔，讓客人自行拿取喜好食材的Bloody Mary Bar，琴通寧也發展出DIY的 Gin & Tonic Bar，由主人提供各式各樣的琴酒、通寧水，搭配各式各樣的材料讓賓客自由發揮，不只能喝到喜歡的東西，拍照好看還可以突顯個人風格呢！

西班牙式琴通寧（Gin Tonica）

技法：直調法
杯具：氣球杯

＝材料＝

50ml 植物學家琴酒   1 瓶　芬味樹地中海通寧水

適量　辛香料   適量　果乾片（或新鮮水果）

適量　薄荷、迷迭香等香草類葉片

＝作法＝

‧杯中放入冰塊，手扶底座快速搖晃冰塊冰鎮酒杯

‧以隔冰匙濾掉融水，加入琴酒攪拌冰鎮

‧傾斜杯身，沿著杯壁倒入通寧水，盡可能不要散失氣泡

‧投入辛香料與果乾片，輕拍香草類葉片，投入杯中作為裝飾

022 | 一杯酒用不同的雞尾酒杯
味道真的有差嗎？

如果把眼睛遮起來喝，說真的味道差異不大。

但請想像一下，如果你學了十幾二十種調酒，有一天朋友到家裡作客，你端出的每一杯酒都用馬克杯裝，對方能給的回應可能就：「嗯……這杯比較酸」、「喔？這杯好像有點濃」，但心裡的OS是「**怎麼喝起來都差不多？**」如果你每一杯都用不同的雞尾酒杯裝，光用看的就覺得：哇，這個好像很不一樣捏！

用不同杯子喝同一杯酒，味道或許差異不大，但視覺享受與功能性差很多。

雞尾酒杯是雞尾酒文化的一部分，馬丁尼杯甚至是這個文化的圖騰，選用適

日本雕花雞尾酒杯

當的杯型除了能增添飲用樂趣，也能符合功能性（長短飲、容量）的需求。舉例來說，你不會用可林杯裝馬丁尼，因為裝四分之一滿拍照很難看，手握杯身溫度升高快又很難喝，如果裝滿又快速喝完，不到一杯就登出開啟飛航模式ㄌ。

不過同樣是馬丁尼杯，造型與質感的差異也很大；杯腳越細越優雅，一體成形的不會摸到模具線觸感更光滑，杯壁越薄透光度越好，舌頭也不會有被杯緣嘟住的感覺。有些高檔酒吧用小巧精緻（還有超美刻花雕紋）的雞尾酒杯出酒又滿到表面張力，讓人只能全神貫注地專心喝酒，深怕一個不小心灑出或摔破，這樣的酒能不好喝嗎？能不好喝嗎？

白色吊帶襪（White Nylon）

技法：搖盪法

杯具：馬丁尼杯

＝材料＝

40ml 經典版金快活龍舌蘭	30ml 巧克力伏特加
20ml 莫札特白巧克力香甜酒	1tsp 勒薩多柑橘香甜酒

＝作法＝

・將所有材料倒入雪克杯，加入冰塊搖盪均勻

・濾掉冰塊，將酒液倒入馬丁尼杯

・噴附柳橙皮油，投入皮捲作爲裝飾

023 蜂蜜可以取代糖漿嗎？

有蠻多同學好奇：調酒能不能以蜂蜜取代糖漿？有些人是蜂蜜控，有些則是覺得蜂蜜好像比糖漿健康⋯⋯其實，調酒甜味的來源可以有很多種，一般最常使用的白砂糖加水煮的純糖漿，優點是單純提供甜度，而且可以煮到很濃。使用紅糖、黑糖或其他糖類則是有不同的風味。

使用蜂蜜調酒要考慮的點有兩個，一是蜂蜜甜度不高，用量會比純糖漿還要來得多，因此很多調飲都會建議蜂蜜與糖混用；二是蜂蜜很濃稠不易溶解，不像糖漿一樣倒入即可開始搖盪與攪拌。

若要使用純蜂蜜調酒，先加入基酒與蜂蜜，用攪拌器攪拌使其充分溶解、再加入其他材料調製。另一種方法是泡熱水化開後當蜂蜜糖漿使用，不過這樣甜度就更低了。

使用蜂蜜的經典雞尾酒並不多，但厲害的一杯就夠！家裡剛好有蜂蜜嗎？來杯蜜蜂之膝吧！

蜜蜂之膝（Bee's Knees）

技法：搖盪法

杯具：馬丁尼杯

＝材料＝

50ml 琴酒　　　　　　　10ml 檸檬汁

10ml 柳橙汁　　　　　　20ml 龍眼蜜

＝作法＝

· 雪克杯倒入琴酒與蜂蜜，以攪拌器攪拌至均勻溶解

· 倒入兩種果汁，加入冰塊搖盪均勻

· 雙重過濾濾掉冰塊，將酒液倒入馬丁尼杯中

* 有一次活動同學問我：「有沒有喝過一杯很好喝的琴酒調酒叫Business，我想了很久才反應過來，原來他說的是蜜蜂之膝⋯⋯

024 | 便宜的杯子和貴的杯子
差在哪裡？

先不管不同品牌的價位設定，我們拿起來會覺得質感不錯（價位通常也較高）的杯子，通常有以下特性：

杯壁薄：杯壁越薄的杯子，飲用時口部的觸感會更好，對溫度的影響也較小，因爲杯壁越厚會讓酒液更容易升溫，不過反過來說，如果調酒前先進行冰杯，杯壁厚的杯子反而保冷力較好。

透光度佳：想要透光度高通常會使用水晶玻璃。水晶玻璃與一般玻璃的基礎原料都是二氧化矽，但前者會添加利於加工、還能讓成品透光度更好的物質，最早是使用氧化鉛，近代因健康考量，很多已經改以爲氧化鉀或其他物質替代。

手感：因爲製作方式的差異，平價高腳杯通常會有模具線，細看就會看到杯腳兩側各有一條線，不只摸得到也影響外觀。好的杯子因爲杯壁薄，通常拿起來也比較輕盈，搖晃手感也比較好。

聲音：很多人喝酒時會有乾杯敲擊酒杯的習慣，好的杯子敲擊聲非常清脆，還會有持續振動的手感（像音叉那樣），一般的玻璃杯敲擊起來聲音鈍鈍的，叩的一聲⋯⋯就沒有了。

手感與聲音可以實際拿起來感受或敲擊，杯壁與透光度則可以透過兩種方式檢驗。第一種是找張有文字的紙張，透過其中一側的杯壁觀看上面同一行文字，一邊看一邊旋轉酒杯。杯壁薄、透光度佳的杯子，文字從頭到尾不會有太大變化；反之，透過杯壁厚薄不一、透光度差的杯子，你會發現文字不斷漂移浮動，時而清晰時而模糊。

第二種方式是直接在光源底下看。好的杯子會出現很多漂亮的反光折射，但一般玻璃杯沒有這種效果，甚至會發現杯體並不完全透明，而是灰灰的，甚至帶有淡淡的黃綠色。

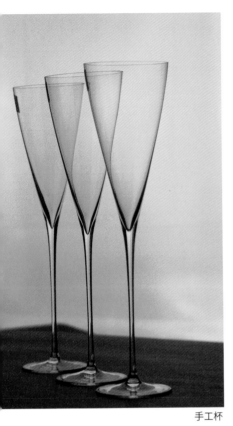

手工杯

如果以製作方式分類，酒杯可分為「機器杯」與「手工杯」──前者是以機器大量製作，變化較少，也不會有太多的設計；後者是以手工吹製，產量低但品質極佳。機器杯的缺點很多，像是杯緣突起、氣泡、搖晃等，優點是很便宜而且不容易碎裂。我們生活中會接觸到的多為機器杯，因為手工杯單價非常高，加上杯壁極薄容易碎裂，一般店家承受不起被客人打破的風險，通常不會提供。

近期，開始有品牌推出所謂的「機器手工杯」，標榜雖然是機器製作，但有近乎手工杯的質感，價格也相對平易近人。我實際看過這些杯子發現……如果不講還真的看不出來，只能說科技越來越進步了啊！

法蘭西斯・亞伯特（Francis Albert）

技法：攪拌法
杯具：馬丁尼杯

＝材料＝

45ml 野火雞 101 波本威士忌
45ml 坦奎利琴酒

＝作法＝

· 將所有材料倒入調酒杯，加入冰塊攪拌均勻
· 濾掉冰塊，將酒液倒入已冰鎮的馬丁尼杯
· 以 Fly Me To The Moon 作為背景音樂享用

025 如何自製紅石榴糖漿？

在調酒中，紅石榴糖漿是僅次於純糖漿最常被用到的糖漿，但看到市售紅石榴糖漿滿滿的添加物（有沒有紅石榴還不知道哩），有些人會選擇自製，因為它非常簡單。懶人版的作法只要準備兩種材料：**瓶裝100%紅石榴汁，以及砂糖。**

為什麼不用真的紅石榴來製作呢？因為紅石榴很難榨汁，很容易把自己弄得像剛肢解完什麼生物的狀態。市面上有賣100%的瓶裝品項，如果標示屬實，裡面應該很單純的就是紅石榴本人。

首先將紅石榴汁倒入鍋裡開中小火加熱，隨著溫度升高，慢慢加入砂糖做攪拌，一公升的紅石榴汁可以加入一整袋（1kg）的砂糖。將砂糖攪拌到完全溶解，並持續加熱讓液體濃縮，等到適當的稠度出現，就可以關火靜待冷卻。

在煮糖漿的過程中，有些作法會加入紅石榴糖蜜讓風味更強（但這東西臺灣不太好買），或是加入食用花瓣增添色澤。裝瓶前，有些作法會加入玫瑰水、橙花水、檸檬汁等材料調整味道，如果想更長期保存可以倒入一些伏特加。

自製紅石榴糖漿的色澤不像市售罐裝品項那麼鮮豔，但那鮮豔的原因是添加色素，如果很在意添加物，就在家裡DIY紅石榴糖漿吧，簡單好做又安心唷！

NOTE 👉 百家得雞尾酒

最早出現收錄百家得雞尾酒的酒譜書，是1914年雅克‧斯特勞布（Jacques Straub）的《飲品集》（*Drinks*）。這杯酒基本上是黛綺莉（Daiquiri）的變體，僅將原本的糖漿換成紅石榴糖漿，但它指定必配百家得蘭姆酒，不然你會被吉喔！百家得一直努力與經典雞尾酒的誕生沾上邊，其官網宣稱黛綺莉是採礦工程師詹尼斯考克斯（Jennings S. Cox）所創，並以古巴礦區地名來命名。最重要的是，一定要用百家得蘭姆酒！

在美國禁酒令期間，許多美國人決定與其在地下酒吧偷偷喝，不如光明正大地出國豪飲，當時醉漢的首選就是距離不遠的古巴，而當地最有名的雞尾酒非黛綺莉莫屬，也因此讓更多的美國人認識這杯經典雞尾酒。

但是地下酒吧裡又不一定有百家得蘭姆酒，這些在美國的調酒師基本上有什麼蘭姆酒就用什麼，客人點了百家得雞尾酒可能拿到的是杜卡迪（Ducati）雞尾酒，反正都是蘭姆酒嘛！（我隨便亂說的，杜卡迪其實沒有出蘭姆酒。）

禁酒令時大家偷偷喝都相安無事，禁酒令結束後可不一樣了。百家得蘭姆酒被譽為三〇年代的柯夢波丹，其受歡迎程度與商機可想而知，1936年百家得把那些酒單掛名Bacardi的雞尾酒、但實際上用其他蘭姆酒調製的餐廳和酒店，全部包在一起吉上法院。

這場「這不是Bacardi」的訴訟案到了紐約最高法院，最終由百家得公司勝訴，法官判定沒有使用百家得蘭姆酒的雞尾酒不得掛名，而百家得蘭姆酒就這樣成為第一杯「被法院認證的雞尾酒」。

百家得雞尾酒（Bacardi Cocktail）

技法：搖盪法

杯具：淺碟香檳杯

＝材料＝

45ml 百家得蘭姆酒　　　　15ml 檸檬汁

15ml 紅石榴糖漿

＝作法＝

‧將所有材料倒入雪克杯，加入冰塊搖盪均勻

‧濾掉冰塊，雙重過濾將酒液倒入淺碟香檳杯

026 薄荷怎麼種才不會死？

身為一個鋼鐵莫希托粉，為了在家喝莫希托，自己種薄荷也是很合理的！（汽車維修員語氣）

經常有同學說薄荷不好種、或是常常會種到掛掉，每次聽到都覺得黑人問號：「薄荷這麼好種，是怎樣才會種到掛啦？」不過就在前幾年冬天，門市的薄荷越長越慢、枯萎、葉片缺角的現象越來越嚴重，即使頻繁澆水也救不回來，眼看就要全滅……要喝莫希托該怎麼辦呀？

我們發現，薄荷株間有許多小蟲與像蜘蛛絲的東西，但最大的魔王是毛毛蟲，整株整株的吃破壞力相當驚人，吃完葉片後莖也跟著枯萎。

有人建議把整株盆栽完全浸到水中，這樣無論是什麼蟲都會淹死，但要找個比盆栽大的容器實在很難，於是我們決定改噴辣椒水！這個方法是用熱水浸泡切成丁的朝天椒，冷卻後裝進噴霧罐，接著就是對著薄荷噴啦。若用這個方法，請記得摘下來的薄荷葉要洗乾淨，不然你會喝到大辣的莫希托……

除蟲完畢，接著是復育（用這個詞感覺工程很浩大），冬天溫度低和日照不足，都讓薄荷不是很好種，唯一能做的是提供充足水分。除了勤澆水，也可以在盆栽底下放水盤（盆栽要買底下有洞的），澆水時補滿水盤的水，讓原本的舊水流出換新水，還能避免孑孓滋生。過幾天薄荷雖然沒有大量增生，但枯萎現象已經減緩，也開始有新葉長出來了。

除蟲加上充足水分，大約兩週左右薄荷應該就會長的相當不錯，這時候可以挑幾株莖比較粗的薄荷，剪下來進行移植。

移植的方法有兩種，有耐心的作法是將剪下的薄荷株先泡在水中（要隨時注意水夠不夠），過一段時間，底部會長出絲狀的白根，這時候再把它們埋入土中，生長的狀況就會非常好。

還有一個比較快的方法，就是剪下莖很長、很粗的薄荷株，直接插入土壤已充分溼潤的盆栽。在開始的一兩天裡，薄荷株會因為沒有根吸水狀況不佳呈現軟茄狀態，不用擔心，多補補水，過個兩三天就會軟茄變天柱了～當然，還是會有幾株扶不起的阿荷，一個適者生存、物競天擇的概念，就果斷放棄它們吧～

除蟲、補水與移植後，接著就是讓薄荷長更快、莖更粗，每次澆水就順便修剪一些，剪掉長最高的那幾株，剪在分出葉片的地方，之後才會長得快。千萬不要浪費剪下的薄荷，快調杯莫希托喝一下。

薄荷偶爾會長出超長、像觸手的粗莖，上面的葉子很小，也不太實用，但發現這種莖千萬不要錯過，把它壓平後用土覆蓋上去，不用幾天它們就會從土中爆長好幾株出來！

寫到這突然想到日本忍者訓練跳躍力的方法：從小種一顆樹，每天練習跳過去，隨著樹越長越高跳躍力也變得更強這樣。如果種一盆薄荷，每天摘薄荷葉調莫希托，一杯喝不夠可以調兩杯，兩杯喝不夠可以再續杯，只要能維持喝的速度比薄荷長的速度快，是不是就能夠訓練酒量了呢？（誤）

祝各位都能在家種出茂密的薄荷，莫希托喝不完啦！

NOTE ☞ 史汀格

史汀格（Stinger）是流行於19世紀末的經典睡前酒（濃度很高喝完洗洗睡），在當時紐約有句話是這麼說的：「能超越史汀格的雞尾酒，只有另一杯史汀格。」

這麼囂張的雞尾酒到底是有多好喝？如果去看古早的酒譜，白蘭地：薄荷酒的比例從2：1到3：2都有，現在如果這樣調，喝起來是什麼感覺？牙膏，是牙膏，就像在喝液體的牙膏。如此接近的比例，可能是因為當時製酒技術不佳，而大量薄荷酒能讓辣辣的白蘭地比較好接受。

現代人已經無法接受臺南這樣的口感了，薄荷酒的比例降低很多，這樣甜度會變低但酒精濃度會變很高，有些酒譜會改用攪拌法，然後搭配大冰或碎冰慢慢飲用。如果要調製短飲的史汀格，建議使用搖盪法：兩盎司干邑配1~2tsp的薄荷香甜酒，或像本篇推薦的皇家史汀格，另外加些苦

艾酒讓風味更有層次。

史汀格是想喝白蘭地調酒又不想榨檸檬汁的好選擇。白蘭地與薄荷酒都能長期存放，只要種活薄荷，隨時都能在家裡來上一杯。薄荷酒微微的清涼感，搭配新鮮薄荷散發的香氣，清新自然又有古典味兒，背景音就配愛樂電臺吧！

如果用綠薄荷酒替代白薄荷酒，這杯酒就變成青蜂俠（Green Hornet），不過用白薄荷酒成品的顏色會比較討喜。想想看，綠色薄荷酒加上琥珀色白蘭地，那個顏色實在是……

皇家史汀格（Stinger Royale）

技法：搖盪法

杯具：馬丁尼杯

＝材料＝

60ml 干邑白蘭地　　　　　1tsp 白薄荷香甜酒

適量 苦艾酒

＝作法＝

· 以少許苦艾酒涮過已冰鎮的馬丁尼杯

· 將前兩種材料倒入雪克杯，加入冰塊劇烈搖盪

· 濾掉冰塊，將酒液倒入馬丁尼杯

· 輕拍一株薄荷葉釋出香氣，放入杯中作爲裝飾

027 果乾裝飾怎麼做？

　　我們經常在調飲活動中用果乾當裝飾，最常用到的水果包括檸檬、柳橙、葡萄柚與鳳梨，有時也會用蘋果、芭樂、香蕉、芒果與奇異果等水果，在家準備這些東西一點也不難，只要有一臺果乾機就可以啦！

　　果乾機價差很大，但千元上下就能買到一臺功能陽春但堪用的機型。切片越薄烘乾時間越短，但也不能真的太薄，因為容易碎掉，且不利於穿刺其他東西製作果雕。沒有烘到全乾的果片會呈現軟軟的狀態，製作果雕更加方便。

　　檸檬、柳橙、葡萄柚等果乾可以用小噴槍進行炙燒，微焦的狀態下會產生強烈的果香與焦糖味，掛在杯緣會持續聞到，不只視覺上假掰好看，味道更讓成品風味更加豐富。另外，相較於使用新鮮水果，果乾拿來吃不易沾手，而且水分風乾後甜度更為集中，超好吃的！

　　水果即將過熟或腐壞前製作成果乾，不只能避免浪費，還可以延長食用期間。將烘好的果乾放進夾鍊袋、放入乾燥劑封好即可在冰箱長期保存，想調酒時可當裝飾物，平常還可以當零嘴吃，自己做無添加安心又健康。好果乾機，不衝一臺嗎？

NOTE ☞ 叢林鳥

這杯酒誕生於1973年，吉隆坡希爾頓酒店的鳥巢酒吧（Aviary Bar）[1]，創作者是傑弗瑞·王（Jeffrey Ong），最早是用來當作飯店的迎賓酒使用，酒吧一旁的游泳池有圍網，酒客喝酒時能透過玻璃帷幕欣賞池畔的鳥類，因此得名。

或許是這樣的環境給了創作者靈感，叢林鳥這杯酒就這麼誕生了，它最特別之處在於：雖然也是提基調酒的一種，卻加入了一項傳統提基酒不會用、極為大膽的材料——肯巴利，酸甜中帶有苦味與藥草香，讓這杯

酒增添不少層次。他將酒盛裝在鳥兒造型的陶瓷杯並以蘭花裝飾，外觀也相當吸睛。

1989年，首度有酒譜書收錄這杯酒，但叢林鳥的流行仍僅限於馬來西亞，直到2002年，傑夫‧貝瑞（Jeff Berry，那個宣稱找到「真‧殭屍酒譜」的作家）將其收錄於書中才開始全球風行，成為第一杯誕生於馬來西亞的經典雞尾酒。

2019年2月創作者不幸逝世，根據與他妻子的訪談，發現他居然是一位不喝酒的人！對成品只聞香氣、啜飲即止，現在酸甜調酒加入苦味材料已經很常見，叢林鳥可謂濫觴。

叢林鳥（Jungle Bird）

技法：搖盪法

杯具：古典杯

＝材料＝

45ml 深色蘭姆酒	15ml 肯巴利苦酒*
45ml 鳳梨汁	15ml 檸檬汁
15ml 純糖漿	

＝作法＝

‧將所有材料倒入雪克杯，加入冰塊搖盪均勻

‧濾掉冰塊，將酒液倒入放有冰塊的古典杯

‧以鳳梨果乾、糖漬櫻桃與鳳梨葉作爲裝飾

＊我們通常會將肯巴利替換爲接受度更高的亞普羅（Aperol），但能接受苦味還是推薦使用肯巴利。

---

1. 酒吧原址已於2013年拆遷，現址位於新的吉隆坡希爾頓酒店（Hilton Kuala Lumpur），也不再有巨型鳥籠啦。

028 | 酒漬櫻桃怎麼做？

　　想到調酒用的櫻桃，會讓人想到傳統蛋糕上那鮮紅的糖漬櫻桃，但很多人認為它有個不太天然的化學感，點了酒經常會略過不吃。是啊，你看過綠到發亮、紅到反光的櫻桃嗎？

　　當調酒需要用到櫻桃時，你會用新鮮櫻桃還是糖漬櫻桃？新鮮櫻桃雖然好吃，但用於調酒會讓人有「調酒是調酒，櫻桃是櫻桃」的感覺，大部分的人還是選擇罐裝的糖漬櫻桃，身為一個職業醉漢，讓我們一起來製作可調酒也可單吃的酒漬櫻桃吧！

　　酒漬櫻桃有超簡派作法，也有「搞剛」一點的作法。先來說說簡單的：

1. 準備一批新鮮櫻桃，洗淨後去蒂瀝乾。可選擇是否要用櫻桃去籽器去核。
2. 將櫻桃放入玻璃密封罐內，倒入酒液讓所有櫻桃都浸泡在其中。可依喜好斟酌加入糖漿。
3. 密封後將罐子靜置於冰箱，浸泡兩個禮拜後即可食用（如果未去核，浸泡時間需較長）。

　　不過超簡派的作法，充其量只能說是帶有酒味的櫻桃，而且酒味沒辦法真的很融入櫻桃中。多年前我從《酒吧藝術——受經典啟發的雞尾酒》（*The Art of the Bar–Cocktails Inspired By The Classics*）一書看到酒漬櫻桃的食譜，實際製作試吃後驚為天人，被嚇了好大一跳跳，附在本篇後與大家分享。

　　不去籽的櫻桃會吸飽浸泡液，讓口感非常Juicy，完全無添加物的製作讓香氣清新自然，也不會有化學怪味。干邑白蘭地優雅的香氣大大提昇了櫻桃的口感，一口下去，干邑在口中爆漿，就像喝了一個迷你Shot，而且酸甜度適中，直接當零食吃就很好吃啦！

　　用自製酒漬櫻桃來搭配調酒吧！今晚，我想來點……大都會！

酒漬櫻桃

＝材料＝

適量（約 30~40 顆）新鮮櫻桃 　　30ml 　現榨檸檬汁

90ml 　糖漿 　　　　　　　　　　120ml 　水

1~2 支 　肉桂棒 　　　　　　　　150ml 　干邑白蘭地

適量 　檸檬皮刨絲

＝作法＝

1. 櫻桃洗淨去蒂（不要去籽），挑選新鮮、硬度較高的櫻桃。
2. 將水、檸檬汁、檸檬皮絲、糖漿與肉桂棒放入平底鍋煮，此時液面會漂浮肉桂渣等雜質和泡沫，用濾網或湯匙盡量撈起去除。
3. 煮滾後關小火，再將櫻桃放入煮五分鐘持續輕輕攪拌，不要弄破櫻桃。
4. 拿掉肉桂棒，將煮過的櫻桃連同液體倒入密封罐（先用沸水燙過消毒），液面佔櫻桃高度的二分之一即可，其餘液體捨棄。

大都會（Metropole）

技法：攪拌法

杯具：馬丁尼杯

＝材料＝

45ml 　干邑白蘭地 　　　　　　30ml 　不甜香艾酒

1dash 裴喬氏苦精 　　　　　　1dash 安格式柑橘苦精

＝作法＝

· 將所有材料倒入調酒杯，加入冰塊攪拌均勻

· 濾掉冰塊，將酒液倒入已冰鎮的馬丁尼杯

· 以酒叉與酒漬櫻桃作爲裝飾

029 蔓越莓汁去哪買？

臺灣要買到100%的罐裝純蔓越莓汁，很難。用「100%蔓越莓汁」上網搜尋只會查到……私處保養品。市面上的「蔓越莓汁」都是綜合果汁，通常主要成分是蘋果汁、葡萄汁，還有微量的……蔓越莓汁。

想要純蔓越莓汁，最好是買冷凍蔓越莓自己榨。不過，蔓越莓果汁含量很低，推薦用**慢磨機**處理，它能將許多不易榨汁的食材榨出汁，過程中還會將果渣與纖維分離，再稍加過濾即可取得純汁。慢磨機的缺點是清洗較為麻煩，不妨一次大量榨汁後裝瓶放冷凍庫保存。鳳梨也是調酒常用到，但不易榨汁、瓶裝品項不多的果汁，用慢磨機處理也很適合。

蔓越莓純汁直接喝不是很好喝，酸澀、沒什麼甜味，但有銳利的香氣與清爽的口感，加入酸甜調整一下風味就很好用，像是調製柯夢波丹時，約20ml的純蔓越莓汁，再調整檸檬汁、君度與糖漿的用量找到平衡點，滿滿的蔓越莓是一杯**眞・柯夢波丹**。

柯夢波丹（Cosmopolitan）

　　技法：搖盪法
　　杯具：馬丁尼杯

＝材料＝

　　40ml 伏特加　　　　　20ml 君度橙酒
　　20ml 蔓越莓汁　　　　20ml 檸檬汁
　　2tsp 純糖漿

＝作法＝

　　・將所有材料倒入雪克杯，加入冰塊搖盪均勻
　　・雙重過濾濾掉冰塊，將酒液倒入已冰鎮的馬丁尼杯
　　・噴附柳橙皮油，投入皮捲與蔓越莓作爲裝飾

030 | 老冰是什麼？
調酒眞的比較好用嗎？

　　雖然我不太確定所謂的老冰是什麼，但看了一些網路文章，發現老冰大多指**經過長時間冷凍的透明冰塊**，有些甚至說要冰個十幾二十天。

　　兩個等重的冰塊，都經過長時間的冷凍，差別只在於一個是透明的、一個內部含有空氣，兩者冰鎮能力會不會有差？其實不會，只要有基本理化知識就知道，冰塊的熔化熱就是80 cal/g，融化多少就有多少的冰鎮能力。

　　製冰機做出來的冰塊，就稱它為**融冰**好了，我們的活動通常會先用融冰，挖完才會使用冷凍庫的備用老冰。用老冰的同學和用融冰的同學相比，成品總容量會少很多，但也因為稀釋量少，酒精濃度會較高。

　　為什麼用老冰稀釋度比較低？因為即使是相同重量的老冰與融冰，使用時前者表面並沒有液體，後者已經附著滿滿一層水分。冰塊的冷卻能力在熔解時才會有效果，換句話說想要搖到相同的低溫，老冰是1克換80卡，融冰也一樣，但卻多了一開始的水分稀釋，這種差異在用小冰塊（接觸面積更大）時會更明顯。

　　聽起來老冰好像很讚對吧？但我們反而會盡可能不要讓同學用老冰搖盪。因為調酒還是要有一定程度的稀釋才會好喝，用老冰搖到一定時間後很難再稀釋（酒液的降溫有極限，約為-6℃左右），加上老冰很容易讓雪克杯結霜，同學的手會凍到難以忍受，惡性循環縮短搖盪時間，讓酒液更濃。

　　考量效率，融冰的效果其實比老冰好，因為老冰在開始溶解前其實沒什麼降溫效果，而融冰則是一放入就開始降溫，所以我們都建議同學先將材料加入波士頓雪克杯的一端，再將另一端裝融冰，但在合上雪克杯前一定要先抖出冰塊上的水，這是比較中間值的作法：使用融冰、但減少融水，有效率且不痛苦的搖盪。

　　回歸到一開始的問題，老冰是什麼？假設老冰就是冰很久的透明冰塊，那麼

它好用的原因是？如果覺得透明老冰比白色老冰好用，論點又是什麼？

　　無論是搖盪還是攪拌，我都覺得剛退霜的融冰最好用（除了部分希望減少稀釋量的調酒，老冰比較好用）。不管它是不是曾當過老冰，畢竟這是一個可逆的反應：融冰冰久變老冰，老冰退冰一樣是融冰。

琴酒碎羅勒（Gin Basil Smash）

技法：搖盪法
杯具：古典杯

＝材料＝

60ml 琴酒	25ml 檸檬汁
10ml 純糖漿	12 片 羅勒葉

＝作法＝

- 在雪克杯中加入羅勒葉，以搗棒搗壓葉片
- 加入冰塊與其他材料搖盪均勻，雙重過濾將酒液倒入古典杯
- 補入適量冰塊，以一株羅勒葉作為裝飾

＊此為2008年，約爾格・邁耶爾（Jörg Meyer）於德國漢堡的巴黎獅子酒吧（Le Lion・Bar de Paris）的創作。

031 | 爲什麼製冰機可以做出透明冰塊？ 冰塊底部爲什麼有一個洞？

　　想知道為什麼，要先知道家用冰箱冷凍庫做不出透明冰塊的原因。

　　製冰盒都是由表層結凍，原本在水中的空氣結凍過程中無法排出，當水全部結凍時就會變成白白霧霧的區塊，它會出現在冰塊最後結凍的地方，通常是製冰盒底部或冰塊中央。

　　我們公司有販售能製作透明冰塊的醉漢製冰盒，就是利用延緩製冰盒底部受冷的設計，讓白霧區塊最後出現在冰塊底部，再藉由脫模去掉白霧區塊、只留下上方透明的冰塊使用。

　　既然白霧是因為空氣無法排出，那能不能讓冰塊從底部結凍？製冰機製作冰塊的冰槽就像一個超多格的家用製冰盒，但它是**金屬製、有冷卻能力，而且是直立擺放**，裡面不裝水（直立也無法裝水），然後讓水從上方像瀑布淋下，水流過內壁時因為受冷結凍，每流過一些就結凍一些，慢慢的由內往外，結成冰塊。

　　但這種冷卻方式有個限制，就是冰塊結冰到最後的區塊，會因為**金屬的冷卻力不能傳達導致無法結凍**；家用製冰盒四面八方同時受冷，從表面一路冰到底完全結凍，製冰機製冰盒結凍到一定程度時反而會停止。

　　因此這就能解答另外兩個問題：為什麼製冰機冰塊底部都有一個洞？還有為什麼製冰機冰塊大小有其極限，就是因為受冷方式不同於冷凍庫。我們教室的企鵝牌製冰機改良傳統設計，乾脆讓製冰盒倒放，然後在底下對盒內噴水，雖然結冰時間會增加，但能做出更大顆、更透明，洞也更小的冰塊。

破冰船（Icebreaker）

技法：搖盪法

杯具：古典杯

＝材料＝

40ml 龍舌蘭   20ml 君度橙酒

40ml 葡萄柚汁   1tsp 紅石榴糖漿

＝作法＝

・將前三種材料倒入雪克杯，加入冰塊搖盪均勻

・濾掉冰塊，將酒液倒入放有碎冰的古典杯

・倒入紅石榴糖漿沉於底部，以葡萄柚皮捲作爲裝飾

032 怎麼做出大又透明的冰塊？

前一篇有提到：以家用冰箱冷凍庫製冰，因為空氣無法排出，最後會有白白霧霧的結晶；而能做出透明冰塊的製冰盒，大多是用捨棄最後結凍區塊、只保留初期結凍區塊的方式，取得最大體積的透明冰塊。

相同的原理，就算沒有特製製冰盒，也能用些簡單的工具製作透明冰塊。首先，要準備一個適當大小的保麗龍盒；建議選有顏色的，方便觀察結凍狀態。

步驟1：用水壺煮水，煮沸後放冷，放冷後再煮沸一次，再放冷後使用，經過二次煮沸的水內部空氣會變少，最後產生的結晶也會較少。

步驟2：將二次煮沸的水倒入保麗龍盒約七八分滿，放入冷凍庫。如果沒有要冰其他生鮮食品，建議將溫度調到「最不冷」的狀態，結凍速度越慢，就能將結晶限縮在更小的區塊。

步驟3：冷凍48小時後，將保麗龍盒取出觀察，此時冰塊會不易取出，先靜置室溫下約30~60分鐘，再倒轉製冰盒讓冰塊掉出（建議在流理台操作）。

步驟4：如果冰塊已經出現大量白色結晶，代表冷凍時間過久（或冷凍庫溫度過低），如果結冰量體積很小，幾乎呈現全透明狀態，代表冷凍時間不夠。前者請減短冷凍時間，後者請增加冷凍時間，或是將冷凍庫溫度調低。

步驟5：重複步驟1到3，用不同冷凍時間再試一次，幾次之後就能抓到結出最大體積透明冰塊的時間。以我用內徑約35*20*15公分的保麗龍盒實驗，冰48~52個小時能做出透明體積最大的冰塊，千萬不要等全部結冰才取出，保麗龍盒容易爆裂且成品狀況也不好。

取出冰塊後，接著就是依需求雕切啦！如果只是要切塊狀或條狀，只要準備個鎚子跟麵包刀就很好用。將刀面垂直於想切開的地方，先微微鋸出一條凹槽避免手滑，然後輕垂刀背，幾下就能將冰塊斷開。

冰塊製作示意：
1. 冷凍48小時後的結冰狀況，只剩底部與中層右側圓形區塊仍未結凍。
2. 冰塊取出後倒置，底部仍有殘水，只要輕輕敲擊就能讓水流出。
3. 削除底部冰塊後，剩餘的部分已接近全透明，僅底側有部分放射狀氣泡。
4. 將冰塊切成條狀或塊狀。
5. 放在冷凍庫備用。

　　當冰塊變成條狀或塊狀，不要太厚都能用麵包刀切開，一樣先鋸出凹槽，刀刃垂直向下施力，稍微前後拖刀就能將冰塊切成小塊。準備底下有瀝水墊的保鮮盒，將切好的冰塊放入、置於冷凍庫備用[1]。

NOTE ☞ 如何在家裡製備碎冰

想在家裡來杯莫希托系的雞尾酒，除了薄荷，另一個要煩惱的材料就是碎冰啦！沒有碎冰，就沒有莫希托冰到腦門的清涼感～但是用鈍器敲冰塊很累，搞不好還會敲到鄰居報警，在家裡要怎麼輕鬆製作碎冰呢？
很簡單，只要準備大一點的夾鏈袋（袋口要能完全密封的那種）。首先在袋內裝入少量的水，然後平鋪在冷凍庫內，一袋一袋平放堆疊上去，結凍後冰塊會呈現片狀，只要拿鈍器往中心點一敲，就變成大量不規則造型的碎冰啦～

NOTE ☞ 海風

第一次聽到海風雞尾酒，是在電影《赤眼玄機》（*Red Eye*）裡，劇中飾演恐怖份子的男主角為了實行暗殺計畫，偷偷跟蹤女主角八個禮拜，發現女主角總是點海風這杯酒。計畫當天兩人因班機延誤、男主角一個搭訕後相談甚歡決定共進晚餐，席間男主角猜女主角想喝海風，沒想到女主角卻點了**海灣微風**（Bay Breeze），這是一杯將葡萄柚汁替換成鳳梨汁的海風。

1. 冰進冷凍庫約20分鐘後，請稍加搖晃讓冰塊分開，避免日後取用時冰塊全部黏在一起。

電影片名 *Red Eye* 指的是「夜間航班」，因為出發於深夜，搭乘的人會因沒睡飽眼睛看起來紅紅的，宿醉的人也會眼睛布滿血絲。有一杯據說能解宿醉的調酒就稱為**紅眼**（Red Eye），材料很簡單，只要準備冰鎮的蕃茄汁與啤酒，以1：1的比例倒入杯中就完成了，有些作法還會打入一整顆生蛋（補充營養的概念嗎），下次宿醉時不妨試試看！

茉莉（Jasmine）

技法：搖盪法

杯具：淺碟香檳杯

＝材料＝

45ml 英式倫敦琴酒	10ml 君度橙酒
10ml 肯巴利苦酒	15ml 檸檬汁
1tsp 純糖漿	

＝作法＝

· 將所有材料倒入雪克杯，加入冰塊搖盪均勻

· 濾掉冰塊，雙重過濾將酒液倒入淺碟香檳杯

· 噴附柳橙皮油，投入皮捲作為裝飾

* 這是1990年代中期，保羅·哈靈頓（Paul Harrington）的創作，收錄於他的著作——《**雞尾酒：21世紀的調製聖經**》（*Cocktail: The Drinks Bible for the 21st Century*）。

海風（Sea Breeze）

技法：搖盪法

杯具：古典杯或或其他長飲杯

＝材料＝

45ml 伏特加	45ml 葡萄柚汁
30ml 蔓越莓汁	15ml 葡萄柚香甜酒
10ml 水蜜桃香甜酒	1tsp 糖漿
適量 通寧水	

＝作法＝

· 將通寧水以外的材料倒入雪克杯，加入冰塊搖盪均勻

· 濾掉冰塊，將酒液倒入古典杯，補入適量碎冰

· 漂浮少許通寧水在酒液表面，稍加攪拌

· 以葡萄柚皮捲或檸檬片作為裝飾

033 為什麼碳酸飲料或氣泡酒，一定要冰鎮後使（飲）用？

因為二氧化碳在低溫狀況下溶解度較高，換句話說，就是為了**維持氣泡的口感**啦！使用冰鎮過的碳酸飲料調酒還能減少冰塊融化，**避免成品過度稀釋**。我們在活動中開氣泡酒前，也會充分冰鎮且避免搖晃，同時符合這兩個條件後甚至連用刀開瓶都不會有一滴的失酒，就是因為二氧化碳處於相對穩定的狀態。

還有一個原因是甜度。應該很少人喜歡喝常溫可樂吧？沒有冰鎮的碳酸飲料或甜氣泡酒會產生甜度過高的口感，氣泡酒常溫飲用酒精感也會特別明顯。

如果使（飲）用前才發現忘了冰鎮怎麼辦？如果有時間，把碳酸飲料或氣泡酒浸入放冰塊與水的容器，持續旋轉瓶身（不要搖晃）讓液體快速冰鎮，加入少許鹽巴會更快；如果沒時間盯著看，用濕布包住瓶子直接放冷凍庫半小時，效果也很不錯。

經常有同學問用不完的通寧水或氣泡酒怎麼保存，身為碳酸狂熱者，每次我都想回說「喝完，好嗎？」但為了避免被討厭還是認真回答一下：易開罐較難保存就丟了吧，但現在比較好的碳酸飲料多為金屬蓋，只要把蓋子硬壓回去就能再冷藏保存一段時間。

國外流傳一種鄉野怪談：如果有喝不完的氣泡酒，可以在瓶口插一隻銀湯匙，這樣就能避免氣泡流失……呃，稍微有點常識就知道這不是真的吧？二氧化碳又不是吸血鬼！

大部分的香檳氣泡酒軟木塞取出後會膨脹，很難重新塞回瓶口，建議在家常備酒瓶塞，喝不完的時候就塞住瓶口冷藏保存，然後趕快喝完吧！有趣的是，曾有科學家針對「有無酒瓶塞對保留氣泡的影響」進行實驗，結果發現：沒有酒瓶塞的，保存效果反而更好！[1]但身為碳酸狂熱者，實在無法忍受氣泡酒喝不完這件事，這個實驗就請你幫我做做看吧！

1. Champagne bubble myth burst: Forget the silver spoon. Stanford News, 21 December 1994, https://news.stanford.edu/pr/94/941221Arc4008.html.

身為一個作家兼重型醉漢，有許多經典雞尾酒都與海明威有點關係，甚至還有以他為名的雞尾酒，但有沒有哪杯酒真的是海明威發明的呢？最有可能的就是這杯與他1932年出版的著作**《午後之死》**（*Death in the Afternoon*）同名的雞尾酒，據說他在法國左岸居住的時候發明了這杯酒。

1935年出版的調酒書*So red the nose, or, Breath in the afternoon*[2]，記述了午後之死的誕生，是作者在花了七個小時與軍官進行海上救援任務後，想放鬆一下調製的超簡派調酒。根據海明威的指示，午後之死要這樣調：

"Pour one jigger absinthe into a Champagne glass. Add iced Champagne until it attains the proper opalescent milkiness. Drink three to five of these slowly."（將一杯苦艾酒倒入香檳杯，加入冰鎮香檳直到出現適當的乳白色，然後緩慢的喝三到五杯）

其中，one jigger約為1.5盎司左右，苦艾酒酒精濃度非常高、還加了帶有二氧化碳的香檳，連喝五杯的話要超重型醉漢才有辦法。而且說真的，這樣喝其實不是很好喝，比較像是想讓自己快速登出的喝法，現在調製午後之死都會大幅降低苦艾酒的用量，不然不要說五杯了，兩杯就有可能讓自己死於午後。

該書編輯最後還順著海明威的酒譜開了一個小玩笑：After six of these cocktails **The Sun Also Rises.**（六杯下肚，太陽依舊升起[3]）。

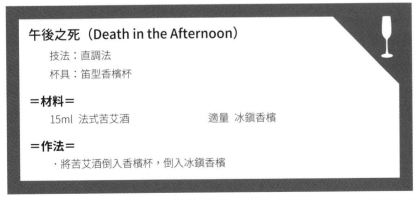

午後之死（Death in the Afternoon）

　　技法：直調法

　　杯具：笛型香檳杯

＝材料＝

　　15ml 法式苦艾酒　　　　　適量 冰鎮香檳

＝作法＝

　　·將苦艾酒倒入香檳杯，倒入冰鎮香檳

2. 本書請30位知名作家以自己著作的名稱為名，創作屬於個人風格的雞尾酒，書名前半So red the nose改自劇作家史塔克·楊（Stark Young）的著作《花兒如此紅》（*So Red the Rose*），後半的Breath in the afternoon就是來自午後之死。以Google尋找書名和圖片，可以看到清晰的內頁。

3. 《太陽依舊升起》是海明威最知名的小說之一。

癮世箴言

喝酒要怎麼喝才不會胖？
──在你還能叫Uber Eats前把自己喝到登出。

第三章

鄉野怪談

即使說這章是本書的本體也不奇怪！在調酒活動中被問到的問題很多都跟主題無關，而是大家HIGH起來後討論度最高的飲酒知識。到底哪些是真的，哪些是假的？知道這些醉漢最有興趣的話題，就不怕下次喝酒沒話聊啦～

髒髒ㄉ香蕉

034 | 琴酒泡葡萄乾，
神奇功效讓99%的人都驚呆？

多年前剛開始接觸調酒時，有一天突然接到家中某位長輩的電話：「那個誰誰誰，你有在玩調酒對不對？能幫我買琴酒嗎？」我當時心想：他平常不是都喝高粱威士忌嗎，什麼時候變得這麼潮喝起琴酒？於是我就問：「你是說……清酒嗎？」一連串的雞同鴨講後，才從他口中「瓶子上面有個阿兵哥」這句推敲出他要買的是英人琴酒（Beefeater）！

進一步詢問才知道，原來在長輩圈（那時候還沒有長輩群組，多靠口耳相傳）流傳著一種偏方：以琴酒浸泡葡萄乾，喝了可以治療各種關節疾病，有「喝的維骨力」之稱。雖然這一說早已被醫師認定是謠言，但時至今日到迪化街、傳統市場甚至是網路，都還能看到販賣這種「維骨力同捆包」的店家，千萬別再相信這種沒有根據的說法啦！

更早以前還有一則飲酒的鄉野怪談。九○年代是臺灣流行干邑白蘭地的高峰，後來退燒有一部分也與健康謠言有關。當時威士忌酒商為了影響干邑的市占率，放出一種說法：**「麥芽做的威士忌甜度低、葡萄做的白蘭地含糖量高，所以喝白蘭地比較容易得糖尿病。」** 這個謠言十分具有殺傷力，因為喝得起干邑白蘭地的族群，不是已經有糖尿病的、就是準備要得糖尿病的叔叔伯伯，嚇都嚇死了，根本來不及查證就開始抵制。隨著更多威士忌、葡萄酒的引進與流行，白蘭地的地位從此一蹶不振，現在跟比較年輕的朋友聊到白蘭地，直覺的反應就是「蛤？那不是我阿公在喝的東西嗎？」

如果這兩個故事對你來說都太遙遠，講一個你可能還有印象的事件。2020年初武漢肺炎全球性大爆發，臺灣人開始瘋搶口罩、酒精等物資，當時的美國總統川普在記者會上突然說自己用奎寧（quinine）預防中國肺炎，消息一出可能大家瘋狂Google奎寧是什麼，發現最容易取得含奎寧成分的東西，就是通寧水。隔

天，我們門市的通寧水直接被客人搬到一瓶不剩。原本除了調酒人之外，一般臺灣人相對陌生的飲料，就這樣登頂銷售排行榜。（或者大家只是想以防疫為藉口，理直氣壯地喝琴通寧？）

先不論奎寧是否可以防疫，現在的通寧水奎寧含量已經低到不行，要達到「療效」可能要喝好幾公升，防疫還沒防成尿液會先爆ㄌ你的膀胱。總之每次有朋友問我說，聽說喝什麼酒、什麼酒怎麼喝對身體不錯，我都會回他一句：

「喝酒是要健康三小？」

喝酒就是一件最不健康的事，適量小酌無傷大雅，但想要靠喝酒獲得健康？呃……你可能想太多了。

關於完美 Gin Tonic

我在校訂《從科學角度玩調酒：雞尾酒瘋狂實驗室》（*Liquid Intelligence: The Art and Science of the Perfect Cocktail*）這本書時，讀到一段作者敘述如何調製一杯完美的Gin Tonic，實做之後驚為天人，這裡將具體的作法分享給各位。

步驟1——充分冰鎮：製作的步驟與神戶式高球的前置作業很像——可以冷凍的東西就冷凍、不能冷凍的東西就冷藏（無論酒、副材料、工具與杯具都是）。預先將琴酒、酒嘴與香檳杯放冷凍庫，調製前30分鐘，再將通寧水放入冷凍庫，讓通寧水的溫度降到結凍邊緣。

步驟2——準確測量：調製過程中，任何多餘的動作都會使得溫度升高而散失碳酸，建議不要使用量酒器，將琴酒與通寧水的量預先目測好；為了讓比例更為準確，可先在香檳杯的杯側標線，先加琴酒到下標線，再補通寧水到上標線（作者建議量約是50ml琴酒加100ml通寧水）。

步驟3——消除氣泡起核點：將貼有標線的香檳杯放在一旁當對照，另取一個冷凍香檳杯，倒入冷凍琴酒到第一條刻度線的高度。先加琴酒是因為這樣可以融化杯裡散浮的碎冰晶，消除潛在的氣泡起核點，避免加入通寧水時產生大量泡沫。

步驟4——杯壁下流：以45度角沿著杯壁倒入通寧水，因為通寧水比重大

於琴酒，因此會沉於底部，漂浮在上方的琴酒，就可以有效阻隔通寧水與空氣的接觸！

超神奇的事情發生了！以往調製琴通寧，倒入通寧水會產生大量的碳酸氣泡，但這樣的倒法不會，在加入冰塊前只有少量的氣泡浮起，整杯酒幾乎是呈現半靜止的狀態。

步驟5——加入冰塊：到這裡大家一定會有疑問，不攪拌不是混合不均勻嗎？怎麼喝？更神奇的事情來了，作者建議最後再加冰塊是因為當冰塊（表面有很多起核點）投入杯中，接觸到通寧水會產生氣泡，將上方的琴酒衝開並混合均勻。因為使用香檳杯，加上材料都有充分冰鎮，氣泡散失速度非常慢，而且還很綿密！

當第一個冰塊加入時，因為表面都還是琴酒，不會有氣泡浮起，當第二個冰塊加入將第一個下壓至有通寧水的深度，綿密的氣泡從冰塊旁開始冒出。氣泡綿密的不得鳥，而且琴酒味濃碳酸也強，根本是把琴通寧當香檳在喝啊！

步驟6——檸檬汁最後加：如果要加入檸檬汁，只要最後擠一點汁進去、再將檸檬角輕輕放在冰塊最上層即可，因為檸檬角只要一和材料攪拌，就會立刻散失大量的氣泡。

完美琴通寧製作五步驟

新興的通寧水品牌

　　其實在書裡，作者敘述的調製法有兩種，礙於另一種需要的器材與程序較為繁複，以上僅分享較為簡易、能輕鬆在家完成的那一種供大家參考。

步驟4──杯壁下流　　　　步驟5──加入冰塊　　　　完成！

035 | 無酒精雞尾酒
爲什麼能稱爲雞尾酒？

對啊，好好自稱飲料，不行嗎？其實素肉也沒有肉，爲什麼能稱爲肉呢？如果以雞尾酒的方式呈現飲料，稱爲雞尾酒會很奇怪嗎？

提到雞尾酒，你會想到什麼？昏暗的燈光、大量藏酒的酒牆、帥氣俐落的調酒師、精心設計的酒單、閃閃發光的調酒工具、細緻的高腳杯、華麗fancy的裝飾物、透明無暇的球形冰、專業術語與行話、吧檯椅與舒適的沙發、隱密的包廂，還是精心打扮的男女酒客？

要說假掰也好，儀式感也行，雞尾酒就是由這些元素所構成的文化。想像一下，在上述場域中喝一杯無酒精飲品，還是在便利商店座位區買威士忌套可樂比較像雞尾酒？或許這個舉例反差有點大，但就看你對雞尾酒的定義是著重於呈現方式，還是「酒精」這項元素。

歐美很早以前就有「無酒精酒吧」（Temperance Bar），一開始是因應宗教與禁慾而生，現在多爲健康意識的抬頭而興起。近幾年臺灣也開始出現無酒精酒吧，它們可能完全不提供酒精性飲品，或是提供酒精濃度極低的飲品，除此之外，設置皆與一般酒吧無異。

根據國民健康署調查，臺灣18歲以上人口飲酒比例，從2009年的46.2%，到2017年已下降至43%。或許你也跟我一樣，自己愛喝、身邊朋友也都重型醉漢，很難想像不喝酒的生活，但如果該數據屬實，超過一半以上的臺灣人是不喝酒的！（很訝異這個數字的話，可能要開始檢討你的朋友。他們都壞掉ㄌ。）

除了不喝酒與不喜歡喝酒，也有一些人因爲懷孕、身體鍛鍊、駕駛或其他因素暫時不能喝酒。喜歡相聚的歡樂氛圍，但不想有攝取酒精的壓力，難道就不能享受雞尾酒的樂趣嗎？有，當然有，這也就是無酒精雞尾酒存在的原因，順應這樣的趨勢，無酒精酒吧想必會越來越多吧！

如果能接受無酒精雞尾酒這個概念，第二個問題是：「**無酒精雞尾酒，要怎麼有別於飲料呢？**」我已經聽過好幾位調酒師說過——設計無酒精雞尾酒，比有酒精的更難。因為是要想辦法讓作品不只做起來像雞尾酒、看起來像雞尾酒，就連喝起來，也要像雞尾酒。

以往只能靠調酒師巧思的無酒精雞尾酒，現在有個好幫手誕生了——**無酒精烈酒**（Non Alcoholic Spirits）。一聽到無酒精烈酒，大多數人第一個反應是：「無酒精為什麼能稱為酒？」再聽到價格，一定會被嚇到好大一跳：「飲料就飲料，為什麼一瓶要一兩千元？」

這是因為它們通常是為了模擬出某種酒的風味，或是萃取特定的味道，在製作上一樣要用製酒的技術與材料，才能做出這種酒非酒、似酒不是酒的作品。

如果想挑戰酒非酒創作，或是想讓不喝酒的親友一起享受啜飲雞尾酒的樂趣，無酒精烈酒是個不錯的選擇，而且它其實不侷限於製作無酒精雞尾酒，製作一般調酒時加入少許，還可以增添風味喔！

瑪格澪特（Margarinta）
技法：搖盪法
杯具：馬丁尼杯

＝材料＝
60ml 龍舌蘭草本蒸餾液　　　　30ml 檸檬汁
20ml Triple Sec 糖漿　　　　　10ml 龍舌蘭糖漿

＝作法＝
・製作鹽口杯
・將所有材料倒入雪克杯，加入冰塊搖盪均勻
・濾掉冰塊，將酒液倒入鹽口杯
・以糖漬櫻桃投入杯中作為裝飾

癮世箴言

馬丁尼十五分鐘內喝不完？
那你為什麼不點養樂多呢？

036 | 龍舌蘭酒瓶裡那隻蟲是什麼？可以吃嗎？

有一點很重要：符合法規、真的龍舌蘭（Tequila）的酒瓶中，是絕對不能放蟲的，有放蟲的那種酒叫做**梅茲卡爾**（Mezcal），而且不是每一瓶梅茲卡爾都有蟲。前面有提到，製作龍舌蘭必須使用龍舌蘭屬作物中的藍色龍舌蘭，如果用其他龍舌蘭屬作物製作的烈酒，就被統稱為梅茲卡爾。

十幾年前，臺灣買得到的龍舌蘭選擇不多，當時有許多梅茲卡爾進口後將中文標示為「龍舌蘭」販售（反正都是墨西哥來的咩），導致許多人認為龍舌蘭應該要有蟲，而且這些梅茲卡爾的味道實在是令人不敢恭維：酒精感強、嗆辣又有濃濃的煙燻味，加上裡面還有蟲漂來漂去，心臟不夠強還喝不下去哩。

如果您有1980年代出生，大約是在2000年開始接觸酒的朋友，告訴你他對龍舌蘭印象很差、覺得味道很臭，請讓他喝喝現在的龍舌蘭，因為當時造成他陰影的那種酒，可能根本不是龍舌蘭。

現在臺灣龍舌蘭選擇越來越多，想喝瓶梅茲卡爾反而要特地去找，但國外此時卻開始流行梅茲卡爾。以往梅茲卡爾總給人鄉間土法、粗製濫造的劣質酒印象，隨著許多高端品牌投入生產，近年來搖身一變成為精緻烈酒的選擇之一，現在也有產區制度與相關規範，而且這些高級品牌酒瓶裡絕對不會放蟲，就是為了跳脫以往梅茲卡爾給人的印象。

梅茲卡爾裡的蟲有點像麵包蟲，是一種名為Gusano de Maguey的飛蛾幼蟲：Maguey是當地人稱呼龍舌蘭作

頂級梅茲卡爾酒

物的名字，Gusano指的是蠕蟲，換句話說，就是附著在龍舌蘭上的蟲。牠如果運氣好就能化身飛蛾，運氣不好就會被裝在酒瓶。

　　梅茲卡爾放蟲的歷史開始於1940年代，當時有酒商宣稱加這種蟲能讓酒更好喝，因為增加了識別度又有噱頭，陸續有梅茲卡爾酒商跟進在酒內放蟲。關於這種蟲有許多鄉野怪談，像是蟲保存的越完整酒質就越好，喝了可以壯陽或是會產生幻覺等，更有趣的是還有占卜功能：倒酒時剛好蟲在你那杯倒出，就會有好運降臨在你身上。

　　事實上牠就是一種蟲而已，而且早已是墨西哥料理會用到的食材之一。這種蟲因為會啃蝕龍舌蘭作物而被農民視為害蟲，農民經常會手工抓取牠們，如果在梅茲卡爾的酒瓶上看到一包紅紅的粉末，那就是將這些蟲曬乾後烘烤，再加入辛香料磨粉製成的產品，讓您搭配標準的喝法：舔粉、喝Shot、咬檸檬。

　　加入蟲到底會不會影響酒的味道呢？雖然有些人認為加蟲只是單純噱頭，但2006年時墨西哥科學家Antonio De León Rodríguez發現，加了蟲會讓梅茲卡爾出現一種名為葉醇的物質，聞起來像是割草機剛打斷草散發出的氣息，不只是芳香化合物，也是昆蟲與哺乳類互相吸引的化學信息素（費洛蒙），但對人類而言並沒有催情的效果。所以，別再相信沒有根據的說法啦！

NOTE ☞ M&M

這杯酒有個別名是Monte y Mezcal，顧名思義就是蒙特內格羅苦酒（Montenegro amaro）與梅茲卡爾的結合，是由蒙特內羅格的品牌經理馬可・蒙特菲奧里（Marco Montefiori）所創作，兩個各自風格強烈的酒款，一個苦甜感、一個煙燻味竟意外的合拍。

前面提到，要成為現代經典雞尾酒，其中一個條件是調酒師要非常喜歡。蒙特菲奧里在2012年將這杯酒推廣給調酒師，因為大受好評成為調酒師們的「行話」，客人不知道、酒單上也沒有，但只要說出來你一定知道我不是在說巧克力，也因此這杯酒還有一個別名Manager's Meeting（經理會議），指的就是職業調酒師開會的「指定飲料」，換句話說就是巷子內的調酒啦！

好喝的酒譜是藏不住的。2015年，羅伯特·克魯格（Robert Krueger）開始在酒吧Employee's Only推廣這杯酒，很快就以病毒式的傳播風行起來，除了原本加大冰慢慢喝的喝法，也出現尻Shot的小杯分裝。臺灣知道M&M的人雖然還不多，但它成為現代經典已經指日可待，如果您也喜歡這個風味，下次推薦給您喜歡的調酒師看看，說不定他喝完也會成為推廣者之一唷！

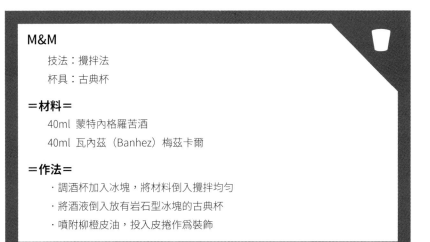

M&M

技法：攪拌法

杯具：古典杯

＝材料＝

40ml 蒙特內格羅苦酒

40ml 瓦內茲（Banhez）梅茲卡爾

＝作法＝

‧調酒杯加入冰塊，將材料倒入攪拌均勻

‧將酒液倒入放有岩石型冰塊的古典杯

‧噴附柳橙皮油，投入皮捲作為裝飾

037 | 喝龍舌蘭為什麼要加鹽與檸檬？

電影《國家寶藏》（*National Treasure*）第二集有一段是這樣：男主角父親派翠克到學校找分居的妻子艾蜜莉協助尋寶，兩人鬥嘴一段後憶及過往，派翠克認為當時因為有愛所以在墨西哥兩人有了愛的結晶（指主角班傑明），沒想到艾蜜莉聽完大翻白眼，一邊翻一邊說了句：Tequila！

有些人認為龍舌蘭有催情效果，一說認為龍舌蘭本身就有催情成分，另一說認為是因為裡面含有壯陽效果的蟲（上篇提過，龍舌蘭其實沒有蟲），但別再相信沒有根據的說法了。如果龍舌蘭催情，它一定是透過「喝法」催情的。

舔鹽、喝Shot、咬檸檬角。身為一個職業醉漢，上述這個畫面你一定不陌生。在酒吧開龍舌蘭或點龍舌蘭Shot，調酒師通常會附上一盤檸檬與鹽，就像吃臺式牛排一定要尬餐包跟玉米濃湯一樣理所當然。在玩比較兇的場合裡，甚至還有把鹽塗在敏感部位的喝法──先用檸檬角塗抹後頸（胸前、肚臍或是那裡。哪裡？）然後撒鹽附著於上，接著快速尻掉龍舌蘭、舔後頸、再嘴對嘴共咬檸檬角……

喝龍舌蘭儀式感必備品項

天啊，這種喝法不要說龍舌蘭，喝養樂多也一樣催情好嗎？

為什麼只有龍舌蘭這樣喝？其他烈酒不會？答案沒人知道，就像許多起源不明的習俗儀式，這就是喝龍舌蘭的combo技，或許有人覺得這樣喝是因為檸檬與鹽特別搭龍舌蘭。但仔細想想，舔鹽超鹹、檸檬超酸，兩者都會造成短暫的味覺麻痹，這樣喝根本感受不到龍舌蘭的美妙之處，尻唐胡立歐1942

跟尻雷博士[1]其實不會差太多。

因此有一種說法認為，「鹽＋酒＋檸檬」的喝法並不是為了讓酒更好喝，而是讓酒比較「不難喝」。墨西哥龍舌蘭很大一部分用於出口，當地人以飲用梅茲卡爾為主。早期製酒技術不佳，成品因為味道太過濃烈嗆辣難以入口，藉由兩個更大的味覺衝擊，讓梅茲卡爾的刺激性沒那麼明顯（以毒攻毒的概念），「歪果仁」可能覺得這種喝法很有趣，有樣學樣、慢慢就變成喝龍舌蘭的一種文化了。

啊，可是我邊緣人、沒朋友又單身狗，想這樣玩又找不到人互舔怎麼辦？

沒關係，你還有左手跟右手：左手背抹一下檸檬角、灑些鹽上去，然後右手拿龍舌蘭Shot尻掉，再迅速舔一下左手……啊別再說了，眼淚快止不住了……

梅茲卡爾瑪格麗特（Mezcal Margarita）

技法：搖盪法

杯具：淺碟香檳杯

＝材料＝

45ml 梅茲卡爾　　　　20ml 君度橙酒

20ml 檸檬汁　　　　　1tsp 純糖漿

＝作法＝

- ·製作鹽口杯
- ·將所有材料倒入雪克杯，加入冰塊搖盪均勻
- ·濾掉冰塊，將酒液倒入淺碟香檳杯
- ·杯中放入一顆小冰塊，以檸檬角或檸檬片當作裝飾

* 有些梅茲卡爾會附贈調味粉包，內容物是蟲、鹽、辣椒與香料，不妨用它替代鹽來製作粉口杯，如果敢吃蟲，用酒瓶裡的蟲當裝飾物好像也不錯……

** 如果覺得這杯酒味道過激，也可混用龍舌蘭與梅茲卡爾，比例請自行調整（例如25：20或30：15）。

---

1. 編注：兩者皆為龍舌蘭品牌。

038 | 吃牛人琴酒？

說到最有名的伏特加，大家一定會想到絕對伏特加（Absolut），說到最有名的琴酒，那就一定是英人琴酒Beefeater。仔細看它的名字，是由Beef與Eater組成，吃牛肉……的人？吃牛肉跟喝琴酒有什麼關係嗎？

其實Beefeater指的就是瓶身上的倫敦塔衛兵，十五世紀末他們由國王亨利七世召集，當成自己的貼身保鏢並負責守衛倫敦塔，原本正式的名字是Yeomen of the Guard（現在的倫敦塔衛兵則被稱為Yeomen Warders）。會用吃牛人這個暱稱，據說是他們的軍餉有一部分是發牛肉，在當時這是一般平民吃不太起的東西，只有他們可以享有英牛吃到飽的特殊待遇。

那……現在的衛兵還有牛肉嗎？當然沒有啦，不過在生日的時候確實會收到幾瓶英人琴酒。他們現在除了一些例行性的巡邏、表演、典禮等需要出席，還有兩個很神奇的工作要做。

第一個是養烏鴉，因為相傳倫敦塔的烏鴉如果飛走，英國就會遭遇覆滅的命運（怎麼感覺這幾隻烏鴉的重要性比龐德還高？）衛兵們不僅要餵食、照顧，還要用些小技巧讓牠們無法離開倫敦塔。

英人琴酒有一款皇冠紀念版（Beefeater Crown Jewel Peerless Premium London Dry Gin），它罕見的以紫色瓶身製作，並以烏鴉作為LOGO而非倫敦塔衛兵，而且瓶身的兩側，還把守護英國的這八隻烏鴉的名字刻在上面，是個護國神鴉的概念。

第二個工作是要兼職酒吧打工，倫敦塔的衛兵們在塔內有一個名為Yeoman Warders Club的酒吧，只有衛兵以及他們邀請的親友才能進去，所有的衛士都要排班來這裡工作。如果有機會倫敦塔聽衛兵導覽，問問看他馬丁尼都怎麼調吧！

為什麼會有這間不對外營業的酒吧？因為倫敦塔衛兵以前可以將職位「出

售」後退休，但從1823年開始，衛兵必須從有優秀軍旅生涯的士兵中挑選，現在則是必須服役年滿22年才能提出申請，一旦入選就可以舉家搬入倫敦塔，也因此塔內宿舍就像一個小社區，需要一個讓大家聚會的地方。

幾年前，酒吧被更名為The Keys，為的是紀念已經持續七百年的軍事儀式：衛兵們在每晚將大門上鎖後，彼此向女王致敬，再將鑰匙收回保管。

NOTE ☞ 琴蕾

1794年，英國海軍發現柑橘類的果汁能預防壞血病，並在幾年後開始讓阿兵哥於航程中定時服用；由於萊姆汁保存不易，當時會加入蘭姆酒避免腐壞。到了1867年，勞克林·羅斯（Lauchlin Rose）改以糖作為防腐劑，製作出濃縮、帶甜味且無酒精的萊姆風味糖漿Rose's Lime Cordial。

由於當時海軍也會發放烈酒當軍餉，把這個兩個東西摻在一起喝是很自然的，也因為當時船員們每天都在喝這種東西，他們又被戲稱為Lime-juicer（萊姆榨汁器），後來簡稱為Limeys，現在這個詞則帶有貶義，是美國人稱呼英國佬的用語。

那琴蕾（Gimlet）一詞是怎麼來的？一個說法則認為，它是指鑽酒桶的錐子或酒桶倒酒的龍頭；另一個說法則認為是源於這杯酒的發明人，也就是英國海軍船醫托馬斯·琴蕾特（Thomas Gimlette）的名字，據說他讓船員飲用這兩種材料的混合液，不只能預防壞血病，還可以降低酒精濃度，不會大白天的就喝到登出被洞捌[1]，一舉兩得。

---

1. 編注：臺灣服兵役者對放假時間的簡稱；洞捌為週六上午8點放假，么捌則為週五晚上6點。

英人皇冠瓶身上的護國神鴉

琴蕾 24（Gimlet 24）

技法：搖盪法

杯具：香檳杯

＝材料＝

60ml 英人 24 琴酒 *   15ml 檸檬汁

2tsp 純糖漿

＝作法＝

· 將所有材料倒入雪克杯，加入冰塊搖盪均勻

· 雙重過濾，濾掉冰塊將酒液倒入香檳杯

* 英人24的24，指的是在蒸餾前先將材料進行24小時的浸泡。除了常見材料，這瓶琴酒還加入綠茶與煎茶製作。

039 | 地表最強威士忌？
到底有多威？

就算沒喝過，拿著本書的您應該也聽過**傑克丹尼爾威士忌**（Jack Daniel's）吧？在臺灣可能只有醉漢認識它，但在美國應該是無人不曉，因為它可是全美銷售量最高的威士忌。根據2020年的統計，它比第二名的金賓（Jim Beam）銷售多出近兩百萬箱，更海放第三名伊凡威廉（Evan Williams）近一千萬箱。如果比威是要比銷售量，傑克丹尼爾最威當之無愧。

傑克丹尼爾不是酒，是傳說。傑克丹尼爾就是品牌創始人的名字（但他的本名其實是Jasper Newton Daniel），小傑克出生於林區堡（Lynchburg），在當時是個人口數極少的窮鄉僻壤，家裡是一級貧戶，阿母也走得早，家裡還有十幾個兄弟姊妹，導致他從小就營養不良，七歲時因為沒有113可以打，就被送去雜貨店當雜工了。

還好極度聰穎的傑克，被一位名為丹·卡爾（Dan Call）的傳教士發掘，但他並不是要找傑克去傳教，而是他發現林區堡這附近的水源瓊漿玉液，決定找在蘇格蘭有製作威士忌經驗的耆老，在這裡和丹尼爾開始製作威士忌的生意。

19世紀中葉的威士忌不像現在，動輒好幾年的陳年，大多是蒸餾出來之後隨便加點東西調色，沒有過濾、陳年與調和的美國時間，所以大家做出來的威士忌不是「難喝」就是「超難喝」。但是卡爾的威士忌不一樣，即使比較貴，還是賣得比別人好。他的威士忌到底有什麼祕密呢？

卡爾告訴徒弟傑克，每批發酵過的漿液都要留一點起來，然後把這些老漿液再放進新的發酵桶中，這樣不只能加快下一批酒液發酵，還能讓口感維持一致（此沿用至今的技法稱為Sour Mash，已經是威士忌生產的標準程序），而且還要獨門使用燒過的楓糖木炭緩慢過濾酒液，也因為多了這道被稱為「林肯郡製程」（Lincoln County process）的步驟，造就田納西威士忌與波本威士忌的不同。

1861年美國南北戰爭爆發前夕，威士忌這種享樂又耗費（糧食）資源的產業，由身為牧師的卡爾繼續經營實在有違形象，於是他在1863年將酒廠賣給當時還很年輕、不用當兵的傑克。根據家族後代的說法，傑克誕生於1850年（2010年還曾推出160年冥誕紀念酒），也就是說傑克接管酒廠的時候才只有13歲啊！

　　傑克接手酒廠後除了承襲師父的製酒秘方，也把酒廠搬到一個石灰岩洞泉旁，這個泉不是普通的泉，是傳說中的第一神泉，水溫終年維持在56℉左右，更厲害的是含鐵質低。從此以後，傑克丹尼爾的威士忌就只用這裡的水製作，至今百餘年始終如一，泉水附近也佇立了這位釀酒神童的銅像。

　　南北戰爭結束後，國家缺錢開始找商人麻煩，此時傑克做了對事業體最有智慧的判斷：「登記為美國第一間註冊的合法蒸餾廠」。此舉除了讓他免於稅務的提心吊膽，也讓這「第一間」的稱號奠定該品牌不敗的基礎。1966年註冊時，傑克丹尼爾把他的名字印在酒瓶上。

　　不過傑克看這種瓶子越看越賭爛，他認為**身為一個方正之士**，用圓瓶裝酒成何體統？1895年，依利諾州有間玻璃公司製作出一種玻璃方瓶，傑克看到大為滿意，馬上採用。從那時到現在120多年，各種版本的傑克丹尼爾，都能看到這種堅持方正的設計概念。

　　除了堅持方瓶，為什麼傑克丹尼爾的酒標以黑白配色為主？因為傑克丹尼爾穿衣習慣特異，一年四季都穿黑西裝、內裡露出白襯衫，酒瓶就是以他的形象為概念設計：方正、黑白分明。

　　1904年在路易斯安那州的世界博覽會，傑克的No.7威士忌打趴一堆世界各國的對手，得到地表最強威士忌的稱號，這個110多年的老哏被酒廠用到現在，連周杰倫的電影《功夫灌籃》都有置入這段。

　　為什麼傑克丹尼爾的威士忌命名為No.7？是因為傑克有七個女朋友？還是因為他字很草，寫自己的J寫得像7？或是7是幸運數字，也有可能是運送威士忌的鐵路編號……總之，這個祕密只有傑克本人知道，欲知詳情只能觀落陰了。

　　說到觀落陰，傑克丹尼爾的墳前有兩張椅子，不是給人觀落陰用的，雖然他

一生未娶、專注製酒事業，但他死後，有幾位不知名的女性經常坐在那兒哭，中國有望夫崖，美國有泣夫椅來著；看來除了釀威士忌，傑克丹尼爾晚上也是有在作業的！

最後，傑克丹尼爾結束生命的原因，也是酒廠最常講的故事。話說有一天早上傑克起了個大早，不知道要幹嘛決定提早到公司上班，閒著閒著想要清點錢和帳冊，可是……乾……老闆自己忘記保險箱密碼，會計又還沒起床怎麼辦？傑克很生氣，試圖對保險箱使出無影腳，希望能踢出個洞，沒想到這個腦袋有洞的舉動讓他得到腳趾骨折＋血液感染，在1911年領了便當收工。一代釀酒高手死於保險箱手中的故事，令人不勝唏噓，但酒廠還幽默的說：**「這個故事告訴我們，永遠不要太早上班。」**

NOTE ☞ 傑克丹尼爾

以上就是我剛接觸傑克丹尼爾時讀到、關於傑克丹尼爾的品牌故事，很勵志且饒富趣味。然而，關於部分事實，近年來也開始出現不一樣的說法，包括他的出生年、師承何人、蒸餾廠註冊的時間以及死因等。

2016年，紐約時報出現一篇標題為〈傑克丹尼爾的隱藏成分：來自奴隸的幫助〉（Jack Daniel's Embraces a Hidden Ingredient: Help From a Slave）的文章，內容提到事實上傑克學習製作威士忌的對象不是卡爾，而是丹的奴隸尼利斯・格林（Nearis Green）。

當我們提到美國威士忌的起源，經常會說是愛爾蘭與蘇格蘭後裔將技術引入，卻鮮少提及奴隸的貢獻。其實非洲釀酒的歷史非常悠久，被引入美洲的奴隸中一定也有人熟稔酒類的製作方式。您可能知道美國首任總統、被尊為美國國父的華盛頓是誰，但您可能不知道他退休後的工作是釀威士忌，他的酒廠就雇用好幾位奴隸進行蒸餾，不是純粹的勞動力，而是具備技術與知識的專家。

傑克的釀酒技術由黑奴傳授並不是祕密，卡爾曾經交待格林好好教導傑克如何製作威士忌，傑克接手酒廠後，也馬上聘請格林的兩位兒子擔任首席釀酒師。該文章中有一張清晰的酒廠員工合照，傑克與格林的某位兒子，肩並肩的坐在一起微笑，他的貢獻與受重視程度可見一斑。

一直到現在，格林的後代都還在酒廠工作，當地人也知道這段曾經被酒

廠刻意忽略的歷史。2016年，作家范恩·韋弗（Fawn Weaver）鍥而不捨地訪談格林的後代與搜尋資料，甚至為此買下兩人當初一起工作的農場想改建為紀念公園，這不只證實格林與傑克的師徒關係，還發現他的名字從Nearest被誤拼為Nearis，就連現在傑克丹尼爾的擁有者——百富門集團（Brown-Forman），都開始試著面對、在品牌故事中述說格林的貢獻。

如果您曾喝過經典的傑克丹尼爾，覺得不太習慣或不喜歡，請不要太早放棄這個品牌，傑克丹尼爾出的這款蜂蜜威士忌，是我們客人試飲後買單率最高的品項之一，酒精濃度很高但喝不出來，凍飲後甜度更是完美無比。它是2020年全美銷量第五的威士忌，也是我們威士忌基底香甜酒銷量第二的品項（第一為無敵貝禮詩）。

蜂蜜傑克千萬不要像經典款拿去套可樂喝，除了冷凍純飲，它最完美的歸宿就是加辣辣的薑汁汽水——均衡甜度、微增酸感又能讓成品帶有氣泡。下次遇到不喜歡喝威士忌調酒的朋友，就用這杯傑克薑薑當敲門磚吧！

傑克薑薑（Ginger Jack）

技法：直調法

杯具：可林杯

＝材料＝

60ml 傑克丹尼爾蜂蜜威士忌　　適量 薑汁汽水

1 瓣　檸檬角

＝作法＝

· 可林杯放入冰塊，倒入威士忌

· 擠檸檬汁到杯中，投入檸檬角

· 倒入薑汁汽水，稍加攪拌

· 以薑片作為裝飾

040 | 瓶身最高的酒是哪一瓶？

　　如果您覺得螺絲起子只有伏特加與柳橙汁實在是太單調，不妨考慮加入另一個材料——**加力安諾**（Galiano）茴香酒；讓加力安諾漂浮於酒液表面，螺絲起子就會變成哈維撞牆（Harvey Wallbanger）。這杯酒約莫起源於1960年代，加州有位名為Tom Harvey的衝浪客為了慶祝衝浪比賽獲勝，用衝浪板敲打酒吧的牆壁（另一說是因為輸了用頭撞牆），因此得名。

　　調酒人會入手加力安諾，幾乎都是為了調這杯曾於七〇年代紅極一時的雞尾酒，不知道您是否也跟我一樣對於該將它擺在哪裡感到煩惱？因為它的瓶身實在是太高了！一般高一點的酒瓶大約是35公分左右，但加力安諾居然高達44公分，調酒會用到的酒我還想不到哪瓶比它更高，酒櫃擺不進去，放在最上面又擔心重心不穩，長長的一根在眾酒間突起，怎麼擺都覺得尷尬。

　　這瓶酒的起源是這樣的，1896年，義大利戰爭英雄朱塞佩・加力安諾（Giuseppe Galliano）在非洲（現今的伊索比亞）的戰爭中大勝，來自托斯卡尼的蒸餾師亞圖羅・瓦卡里（Arturo Vaccari）臨機一動，將正在研發準備上市的香甜酒直接以加力安諾命名。

　　加力安諾不只是掛名沾光而已，瓦卡里宣稱加力安諾的配方出自加力安諾行軍隨身攜帶的自製藥草酒，配合當時義大利有很多人到加州淘金的熱潮，將酒液製成金黃色澤相當討喜，瓶身則是以義大利人引以為傲的羅馬柱為發想。

　　哈維撞牆的流行，讓加力安諾一度成為美國銷售量最大的香甜酒之一，但它在七〇年代後多次更改配方導致銷售持續下滑。現在加力安諾的酒標上有L'Autentico的標示（正宗之意），就是因為歷來這些改變消費者並不買單。2006年被波士（Bols）公司買下後，強調使用原始配方與加強酒精度，試圖挽回消費者信心，並與其他口味的加力安諾做出區別[1]。

1. 截至目前為止，加力安諾已有正宗原味、香草、咖啡等共計7種口味。

NOTE 👉 **金色凱迪拉克**

調完哈維撞牆後剩下的加力安諾不知道怎麼辦？金色凱迪拉克是杯很受歡迎的甜點酒，只要搖盪等份量的加力安諾、白可可香甜酒與鮮奶油，搖得夠冰夠均勻，喝起來會很像融化的香草冰淇淋。

金色凱迪拉克起源於加州靠近內華達州的埃爾多拉多（El Dorado），1940年代這裡有間名為Kelly's Bar的店家，被瑞德以擲骰子遊戲整間店贏走（香腸攤被客人全疊打的概念），後來就改為窮瑞德燒烤店（Poor Red's Bar-B-Q）。

1952年的某個午後，有對夫妻到餐廳作客，這對夫妻不只洋溢在新婚的喜悅，還買了一臺全新的、超蝦趴的金色凱迪拉克，調酒師一個即興就創作出這杯以車為名的傳世雞尾酒。

被燒烤店耽誤的酒吧發現美國正開始流行凱迪拉克車，於是大力進行各種廣告宣傳，好喝又有噱頭讓燒烤店幾乎成為埃爾多拉多的地標。1999年有個超誇張的數據，當時加力安諾酒廠宣布：在美國，每100瓶加力安諾，就有3瓶是這裡喝掉得（這個小鎮只有1,400人），平均一瓶加力安諾的「壽命」在店裡只有90分鐘。一般酒吧放兩三年很正常、放到忘了它的存在一定也不在少數！

金色凱迪拉克（Golden Cadillac）

　　技法：搖盪法
　　杯具：淺碟香檳杯

＝材料＝

30ml 加力安諾茴香酒　　　　30ml Bols 白可可香甜酒
30ml 鮮奶油

＝作法＝

· 將所有材料倒入雪克杯，加入冰塊搖盪均勻
· 雙重過濾，濾掉冰塊將酒液倒入淺碟香檳杯
· 灑上適量可可粉作為裝飾

041 | 沒有地的白蘭地？
一瓶屬於淺草的浪漫

1853年黑船來襲結束了日本的鎖國，也揭開了日後維新運動的序幕。對當時的醉漢來說，最新奇的莫過於來自世界各國的洋酒，但這種洋人的玩意兒對一般市井小民來說實在是太貴了，想喝又喝不起，該怎麼辦？

於是當時腦筋動得快的商人，動起了山寨DIY洋酒的念頭。最早開始做這件事的人是滝口倉吉，他將原本無色的燒酎加糖並加以染色，製作出近似烈酒外觀的酒款。由於酒精在當時屬於藥品，對它進行加工的產品不會被課酒稅，吸引了許多業者爭相投入，即使後來稅法有修正，這種仿製烈酒的風氣還是盛行了好幾年。就連有日本威士忌之父之稱的竹鶴政孝，在剛學成歸國時也曾經從事這種工作好一段時間。

在這些仿製烈酒的產品中，最著名的莫過於神谷傳兵衛製作的速成白蘭地，他以進口洋酒為原料，加上各種秘方調製而成，因為江湖謠言說它能預防霍亂，在當時可以喝爽的也可以喝防疫的，讓這款酒賣到嚇嚇叫。

因為當時不管什麼東西都要加上「電氣」兩字才夠潮（就像現在都要講區塊或奈米），所以他將這個成品命名為電氣白蘭地（另外一個說法是因為酒精度高，一喝好像被電到覺得舌頭麻麻的）。

到了1912年，神谷將店內改裝成酒吧，現址大樓建於1921年，酒吧地址超屌——淺草1丁目1番1號。這間從淺草車站走出來就會看到的神谷Bar，是日本最古老的西式酒吧之一，目前一樓是酒吧，二樓與三樓是餐廳。

在神谷酒吧喝酒，是當時文青一定要做的事，許多「中漂」到東京的藝術家用它作為夜晚的慰藉（真的白蘭地喝不起啊），就連寫出《人間失格》的太宰治也在書中寫道：「沒有什麼酒能比喝電氣白蘭地更早登出。」在文學作品與作家的加持下，讓電氣白蘭地潮到爆炸，一喝感覺氣質都會上升呢！

隨著仿製烈酒的風潮淡去，大家也意識到這款酒與其說是白蘭地，不如說是罐裝雞尾酒更為適當，於是後來這瓶酒改名為電氣白蘭（Denki Bran），沒有地。現在電氣白蘭有酒精濃度30%與40%的復刻版，臺灣也買得到囉！

　　電氣白蘭要怎麼喝呢？官網與酒吧推薦的喝法有加蘇打水的高球、純飲、加冰塊喝、加薑汁汽水、加可樂以及加紅茶的喝法，最後附上我喝完電氣白蘭氣質上升後發想的酒譜。

石鬼面（No Longer Human）

技法：搖盪法

杯具：可林杯

＝材料＝

50ml	電氣白蘭（40%）	15ml	迪莎蘿娜杏仁香甜酒
15ml	檸檬汁	2tsp	純糖漿
1dash	香草苦精	適量	蘇打水

＝作法＝

· 將蘇打水以外的材料加入雪克杯，加入冰塊搖盪均勻

· 濾掉冰塊，將酒液倒入裝滿冰塊的可林杯中

· 倒入蘇打水至滿杯，以薄荷葉作爲裝飾

＊如以薑汁汽水取代蘇打水，可省略糖漿。

042 酒精濃度最高的雞尾酒是哪杯？

　　這是我們在門市或活動中最常被問的問題。我通常會先反問「你猜呢？」完全沒有概念的同學，大部分會猜長島冰茶或是B52，稍有概念的會說出馬丁尼、內格羅尼這一類調酒，如果是對調酒略有研究的人客，就會說出阿拉斯加、鏽釘等真正高酒精濃度的經典雞尾酒。

　　想瞭解這個問題，首先要知道「**單杯的總酒精攝取量**」與「**調製完成時的酒精濃度**」有什麼差別——前者是指當你把某杯酒喝完，總共會攝取到的乙醇總量是多少；後者指的是調酒完成時，這杯酒當下的酒精濃度是多少。

　　為什麼要區別這個差異呢？因為許多人真正想問的是「喝什麼酒醉的最快？」我們先以殭屍（Zombie）與馬丁尼來比較：

	殭屍	馬丁尼
所有酒類換算成40%烈酒的用量	約4~5oz	約2~3oz
使用到無酒精副材料的用量	約2~3oz	無
調製完成時的酒精濃度	約15%	約30%

從表格中可以看出，兩杯酒調製完成時，即使考量融水馬丁尼的酒精濃度是殭屍的兩倍，但如果以喝完的總酒精攝取量來看，一杯殭屍的攝取量接近馬丁尼的兩倍。排除身體狀況與其他因素不談，酒醉的速度主要是看喝多快、喝多少、喝的酒精濃度高低，如果要問喝什麼酒醉的最快，只能說假設都用10分鐘喝完這兩杯，喝殭屍會比較快登出（相同時間內攝取較多酒精）。

　　但在真實的情況中，馬丁尼是短飲調酒，會在短時間內飲用完畢；殭屍是長飲調酒，會花比較長的時間喝完，慢慢喝比較不容易醉。

　　理解兩者差異後，要釐清第二件事：**是否用一般可理解的酒譜調製？**舉例來

說，為什麼會有人覺得長島冰茶很烈？第一，聽來的；第二，他真的太廢（長島冰茶的濃度只比紅白酒多一點點）；第三，被惡搞了，像是把伏特加換成96％生命之水，或是蘭姆酒換成151[1]等，更兇的當然就是喝分解式的長島冰茶了。

雖然酒譜並沒有所謂標準的作法，但至少要用可理解的酒譜調製。您當然可以拿60ml的96％生命之水伏特加，加入1dash的柳橙汁說這是螺絲起子，或是用90ml的海軍琴酒加入1drop的通寧水說這是琴通寧，但這樣惡搞後的比較，好像就沒有意義了不是嗎？

因此要回答一開始的問題「酒精濃度最高的雞尾酒是哪一杯？」必須先確認它符合以下兩個條件：第一，經典雞尾酒，且用常見或是可理解的酒譜調製，**沒有惡搞**；第二，只看**調製完成時的酒精濃度**，不考慮酒精總量與後續產生的融水。接下來介紹幾杯酒精濃度極高的經典雞尾酒。

鏽釘（Rusty Nail）與B&B： 鏽釘是蘇格蘭威士忌加上40％的Drambuie香甜酒，即使考慮攪拌時的融水，成品也有33％左右，如果選用40％以上的威士忌當基酒，酒精濃度還會更高。B&B是白蘭地加上40％的班尼迪克丁香甜酒，濃度也是近似，但如果以漸層或常溫攪拌的方法調製，酒精濃度就是40％了。

綠色阿拉斯加（Green Alaska）： 以琴酒加上55％綠夏特勒茲香甜酒調製，結構上近似馬丁尼，只是將原本17％的香艾酒改成夏特勒茲，讓這杯酒的酒精濃度約略在40％左右。

法蘭西斯・亞伯特（Francis Albert）： 這是杯以美國知名演員、歌手法蘭克・辛納屈為名的雞尾酒。有趣的是，它的誕生地不是美國，而是日本青山的Bar Radio，用的材料也是日本人最喜歡的野火雞波本威士忌與坦奎利琴酒，兩者各放45ml並以攪拌法調製。野火雞酒標上的101是美制濃度也就是50.5％，加上47.3％的坦奎利琴酒，除了融水外沒有其他副材料，濃度可想而知，能喝烈酒的話推薦一定要試試，冷冽銳利的口感中帶有一絲甘甜，相當適合重型醉漢。

---

1. 編注：此為蘭姆酒的一種類型，詳見〈057 明明是40％的烈酒，為什麼美國人標示為80呢？〉。

地震（Earthquake）：一份干邑白蘭地與一份苦艾酒（Absinthe），以攪拌法調製的雞尾酒。不過這種調法口感太甜，現代酒譜大多會提高白蘭地的比例，但不管怎麼調整就是一個烈酒與超烈酒的組合（苦艾酒濃度從五十幾度到八十幾度都有）。地震據說是印象派畫家——羅特列克辦趴時提供的調酒，在當時能這樣喝酒還真是豪奢，真不愧是幫紅磨坊繪製海報的畫家！

有沒有發現它們共同的特色，就是除了酒以外沒有其他副材料，而且都是**「烈酒＋烈酒＋少量融水的攪拌法」**的調酒？下次再有人跟你說長島冰茶很烈，不妨讓他感受一下地震的滋味。

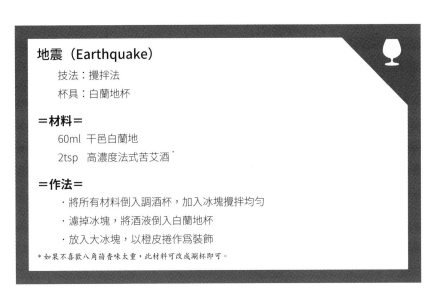

地震（Earthquake）

　　技法：攪拌法
　　杯具：白蘭地杯

＝材料＝

　　60ml　干邑白蘭地
　　2tsp　高濃度法式苦艾酒*

＝作法＝

　　‧將所有材料倒入調酒杯，加入冰塊攪拌均勻
　　‧濾掉冰塊，將酒液倒入白蘭地杯
　　‧放入大冰塊，以橙皮捲作為裝飾

＊如果不喜歡八角茴香味太重，此材料可改成潤杯即可。

043 熱量最高的雞尾酒是哪杯？

我在活動中被同學問到這個問題時愣了一下，一般人都比較擔心喝調酒熱量太高的問題，怎麼會有人想喝熱量高的雞尾酒呢？後來我認真想了一下，在我接觸過的酒譜中，以單位容量來看，熱量最高的雞尾酒應該是健力士派對酒（Guinness Punch）。

健力士派對酒是從牙買加地區開始流行的喝法，透過戲劇的推廣逐漸發展到歐美地區，是極少數沒有用到果汁的熱帶雞尾酒。它最大的特色是利用大量煉乳與全蛋，透過果汁機強力的打勻，產生如同奶油般滑順的口感，還有肉豆蔻與肉桂的辛香讓香氣更具層次。這是一杯看到酒譜會傻眼，實際喝到會發出難以置信讚嘆的一杯經典調酒。

為什麼說看到酒譜會傻眼呢？雖然各酒譜作法不同，但材料通常包括：健力士啤酒、煉乳、鮮乳（或其他乳製品）、香草精、全蛋、辛香料等，其中煉乳的用量通常超過4 oz（120ml）。我以之前部落格介紹過、美國雞尾酒博物館的酒譜為例，一起來看看這杯酒的熱量有多高。

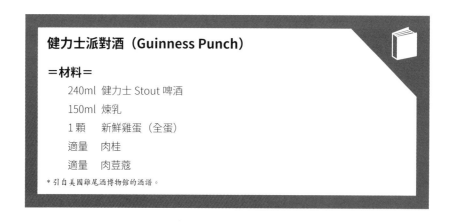

健力士派對酒（Guinness Punch）

＝材料＝

240ml 健力士 Stout 啤酒

150ml 煉乳

1 顆　新鮮雞蛋（全蛋）

適量　肉桂

適量　肉荳蔻

*引自美國雞尾酒博物館的酒譜。

黑色天鵝絨　　　　Black & Tan　　　　　　　健力士啤酒的泡沫　　　　　幼幼健力士

　　查一下所有材料的熱量，鷹牌煉乳150ml的熱量是488大卡，健力士240ml的熱量是84大卡，一顆全蛋的熱量算80大卡好了，這樣算起來一杯健力士派對酒的熱量是652大卡，大概等同於直接吃掉一個沒那麼油的排骨便當。小鳥胃可能喝完一杯就飽一餐了呢！

　　因此許多酒譜會將煉乳降一半，另一半改用鮮乳、奶油或其他低熱量的乳製品代替。我們曾用這個方式調製，試來試去還是煉乳用爆的酒譜滋味最濃郁好喝，再次驗證了「好吃的東西不健康、健康的東西不好吃」這個不是很OK的價值觀。如果想調這杯酒，請先試試這個煉乳加爆的酒譜，覺得太甜再加以調整，千萬不要看到酒譜就卻步，這樣會錯過這杯爆熱量但爆好喝的雞尾酒！

　　健力士派對酒的調法很簡單，將所有材料放入果汁機打勻即可。肉桂與肉豆蔻如果找不到本體，用罐裝粉末也可以，調製時可以將它們放入果汁機一起打，或最後灑在酒液表面。如果表面先打一層噴式鮮奶油，灑粉的視覺效果會更好。

　　最後是讓這杯酒更好喝的小訣竅。健力士的酒精濃度非常低（4%），放果汁機打不可能再加冰塊，所以經過高速攪拌整體溫度會升高，一倒出來就喝會不夠美味，加冰喝又會稀釋，建議倒出後先裝入容器內冷藏，飲用前搖一搖再喝，

更能體會健力士派對酒的美妙之處！

關於健力士

在各種啤酒中，最常被拿來玩調酒的大概就是健力士了。除了之前曾介紹過的愛爾蘭汽車炸彈（愛爾蘭威士忌、貝禮詩與健力士），健力士還可以這樣玩：

黑色天鵝絨（Black Velvet）：以1：1的比例混合香檳與健力士，可以分開倒入製作漂亮的漸層，也可以像漫畫《王牌酒保》（バーテンダー）那樣炫技，左右手各持兩種酒同時穩定以相同流速倒入不爆衝，形成完美融合。

這杯酒起源於1861年，很有可能是最早的啤酒雞尾酒。那一年英國女王的丈夫阿爾伯特親王早逝，倫敦布魯克斯俱樂部（Brooks's Club）的調酒師在哀悼時創作了這杯調酒。當時，黑啤酒是工人階級最常飲用的酒款，而香檳則是上流社會的飲品，用以象徵親王支持工人階級的政治傾向，是一杯階級融合的概念。

據說德國鐵血宰相俾斯麥（Otto Eduard Leopold von Bismarck）非常喜歡這杯酒（他有個人生目標是喝5,000瓶香檳，用這杯花式趕進度），因此這杯酒又有個別稱是Bismarck。如果使用波特酒代替健力士，這杯酒就變成**天鵝絨**（Velet）。如果覺得香檳太傷本，也可以用氣泡酒或蘋果氣泡酒代替，這樣調有個別稱是「窮人版黑絲絨」。

黑與褐（Black & Tan）：混合不同啤酒的喝法，源自17世紀晚期的英國，當時提供啤酒的店家因為烈啤酒與淡啤酒稅率不同，會混合兩種啤酒提供給客人，避免被課比較重的稅，是一個省錢智慧王的喝法。

這種喝法流傳到近代被稱為Black and Tan，酒吧通常會用黑啤酒搭配拉格啤酒（至少顏色要不同的兩種啤酒），並以漸層的方式調製更有視覺效果。直覺上會認為黑啤酒比重較重，事實上是拉格啤酒會重些，因此調這杯要先倒入拉格，然後用吧匙或其他工具放入杯中，讓黑啤酒沿著吧匙流下。

這杯漸層成功率相當高，很適合在趴踢上秀一手。如果你用的是健力士，還

會多出第三層泡沫的漸層，很像一個超大杯的B52，但殺傷力沒有那麼兇猛的調酒。Black and Tan最好玩的地方是喝法，如果不攪拌，可以先喝到第一種啤酒，再喝第二種啤酒；如果攪拌，就能喝到兩種啤酒的混合，是個饒富飲用樂趣的啤酒調酒。

幼幼健力士（Baby Guinness）：健力士啤酒開瓶後，內部填入氮氣與二氧化碳的氣球會產生綿密的氣泡，不僅能讓口感更加綿密，還能欣賞浪湧（Surge）──健力士剛倒出時是褐色的，然後會慢慢由底部往上整杯變黑，欣賞浪湧是喝健力士時的樂趣之一。

最後介紹的這杯雖然沒有用到健力士，但卻用Baby Guinness為名，就是因為成品很像完成浪湧後的縮小版健力士，只要在Shot杯中先倒入咖啡香甜酒，然後再漂浮薄薄一層奶酒即可。這杯酒可以直接尻，也可以投入健力士啤酒中，還蠻好喝的哩！

最後分享一個知道了對人生也沒有什麼幫助的冷知識。金氏世界紀錄（Guinness World Records）的金氏指的就是健力士，而出版這個紀錄的，則是健力士酒廠的董事休·比佛爵士（Hugh Beaver）。他和同伴打獵射鳥時因為沒打中，就和同伴開始爭論哪種鳥飛的最快，最後決定出版一本「世界之最」的書籍，是個化悲憤為力量的最勵志故事來著啊！

044 | 不能用手拿的雞尾酒？

1980~1990年代是酒名帶有性暗示的雞尾酒全盛時期，像是Sex On The Beach、Angel's Tit、Silk Panties、Slippery Nipple、Orgasm、Slow Comfortable Screw Against The Wall[1]……這些酒好不好喝不重要，名字引人遐想就會有話題性，它們隨著夜店文化的崛起與興盛，幾乎成了當代雞尾酒的代表（現在再提這些酒則是相當Old-Fashioned）。

在這些雞尾酒之中，名字取的最好、最符合酒名意象的，莫過於**Blow Job**了。這是一杯漸層雞尾酒，底下的咖啡酒代表黑森林，中層的香蕉酒代表太陽工具，上層的威士忌混合噴式鮮奶油，代表的就是那個……那個……生命的起源。

這杯酒特別的地方是**不能用手拿著喝**，要把手背在後面，彎腰從吧檯上用嘴含住酒杯（大家開始起鬨），然後仰頭一口氣喝完（大家歡呼），因為杯口都是鮮奶油喝完很容易流滿臉（大家狂笑），就像完成了一次口欠的動作。

髒髒ㄅ香蕉（Dirty Banana）

技法：混合法
杯具：颶風杯

＝材料＝

60ml 蘭姆酒	30ml 咖啡香甜酒
30ml 香蕉香甜酒	60ml 鮮奶或 Half & Half
半條 香蕉	

＝作法＝

・將所有材料放入果汁機，加入冰塊打勻
・以另外半條香蕉、搭配莓果與杜松子製作海豚裝飾

1. 這杯雞尾酒原型是螺絲起子（screwdriver），加入野莓琴酒（Sloe Gin取Slow）、南方安逸（Southern Comfort取Comfortable），Against The Wall是引用哈維撞牆，因為這杯酒也加了一柱擎天的加力安諾，硬要翻譯……就是「在牆上緩慢又蘇湖地修竿」。

045 喝酒爲什麼會臉紅？跟肝功能有關係嗎？

喝酒臉紅代表肝好（或不好）大概在十年前還是個很多人相信的鄉野怪談，但近幾年大家已經知道，肝功能與喝酒是否會臉紅無關。那喝酒爲什麼會臉紅？爲什麼有些人怎麼喝都不會紅，有人沾到一點點酒就紅光滿面？

乙醇在進入體內後，會先轉化爲有毒的乙醛，接著再藉由乙醇脫氫酶（ALDH）轉化成較無毒的乙酸（醋酸）排出體外。乙醇脫氫酶分三種，第一種與第三種比較沒有個體差異，但第二種ALDH2的個體差異，就是喝酒會不會臉紅的關鍵。

如果是ALDH2比較不作業的體質，乙醇變成乙醛後無法順利代謝成爲乙酸，就只能以乙醛的狀態在全身遊蕩。當它晃到臉部會讓微血管擴張造成臉紅，有些更誇張的會紅整個上半身，其他像是心悸、冒冷汗等症狀都是由乙醛造成。

順帶一提，有一種治療酒癮的藥物戒酒錠（Disulfiram），並不是吃了它就不會想喝酒，而是藉由阻斷ALDH2的機制，讓吃了藥又喝酒的人乙醛充滿產生嚴重症狀，酒癮者會體驗酒醉的痛苦，藉此抑制想要喝酒的欲望。

每個人的ALDH2作業程度不一樣，大致上可以分爲三種：第一種廢到爆，ALDH2功能可能根本忘了開啟，以至於吃個麻油雞都會吃到登出，以下我們簡稱「巧虎」；第二種是ALDH2有在作業，但技能沒有點滿；第三種則爲ALDH2爆表，多到可以借人，甚至還有找。

先澄清一下，撇除巧虎不談，第二與第三種我都在酒量奇佳的重型醉漢身上見識過，只能說第三種代謝能力比較好，但酒量是不是一定超過第二種就不一定。雖然這樣比喻有點低能，但可能還蠻貼切的：第三種是天生的練武奇才，但人生何必一定要練（ㄒㄩˋ）武（ㄐㄧㄡˋ）？第二種雖然先天不足，但後天努力一樣有機會成爲一代宗師。

所以喝酒會不會臉紅跟肝功能有關係嗎？當然沒有，就算是巧虎，只要巧虎不喝酒，沒有ALDH2又有什麼關係？正常人不會沒事去嗑乙醛啊。健檢的時候大家只會關心肝指數GOT和GPT，有人會問醫生「我的ALDH2如何」嗎？

以我個人接觸醉漢與同學的經驗來說，第三種的酒量普遍比第二種好。他們能短時間內大量飲酒，不會臉紅也不會酒醉，或是即使登出也能很快登入，隔天宿醉的狀況也較不嚴重（或根本沒有宿醉的經驗），但常常有一種困擾——**別人都覺得自己沒喝醉，想閃酒都閃不掉！**他們喝到登出時往往是一瞬間：上一秒看他還好好的，一回頭他已經登出ㄌ。

最後，別再相信什麼臺灣人酒量好這種沒有根據的說法啦，亞洲人ALDH2本來就比較不作業，甚至還有個東亞病夫意味的名詞指稱這種現象——亞洲紅臉（Asian Flush），但身為臺灣人實在不好意思說什麼，因為我們就是在亞洲那個最後一名拉低平均的巧虎啦！

NOTE ☞ 果泥

如果覺得香甜酒味道不夠自然、新鮮水果又難以保存與處理，不妨考慮使用果泥這個好用、好喝又好保存的調酒好幫手，果泥經過調製可以模擬新鮮水果的口感與風味，口味的選擇也相當多。

不過果泥一買就是一大盒很難一次用完，反覆退冰又冷凍很麻煩，還會影響鮮度。建議買回來先解凍，然後用封口袋或保鮮盒分裝冷凍，一次只取一包退冰用。果泥還可裝入小製冰盒再冷凍，搖盪時甚至不用解凍，直接和其他材料一起搖盪到溶解，或是加入長飲型調酒當冰塊，既能冰鎮還不會稀釋風味！

草莓百分百（いちご 100%）

技法：搖盪法

杯具：淺碟香檳杯

＝材料＝

45ml Bols 優格香甜酒　　30ml Bols 香甜酒

40ml Half & Half　　15ml 檸檬汁

20ml 保虹（Boiron）草莓果泥

＝作法＝

· 將所有材料倒入雪克杯，以攪拌器打勻所有材料

· 加入冰塊搖盪均勻，濾掉冰塊將酒液倒入淺碟香檳杯

· 以檸檬片與草莓作為裝飾

046 | 喝酒到底會不會胖啊？

　　在我們的活動中，同學經常會自行攜帶外食或叫外送，歡樂吃喝的同時，最常討論的話題之一就是「喝酒到底會不會胖」。因為這個話題討論度實在太高，我私下請教許多醫師與營養師，也閱讀一些關於飲酒與肥胖的文章與書籍，希望以下內容能對你有些幫助（當然最希望你沒有這種困擾啦）。

　　先講結論：喝酒會**讓你比較容易胖**。

　　酒精本身就是熱量，加上很多酒類含有糖或是其他營養素，喝多了怎麼可能不會胖呢？就算是喝幾乎沒有任何營養素的烈酒，純酒精1克也還是有7.1大卡的熱量，也就是尻一個Shot就攝取了85大卡的熱量[1]。

　　雖然酒精熱量很高沒錯，但它真正可怕的地方，是透過干擾身體飽足、飢餓、代謝或合成等途徑，進而讓人吃進更多食物，這個可能才是飲酒造成肥胖的主因。

　　2017年有科學家探討：酒精既然是熱量，為什麼喝完反而會有飢餓感？該研究以老鼠為實驗對象，發現腦中有一個名為AgRP的神經元，當它被刺激時會引發空腹感，老鼠喝了酒之後該部位會被活化，出現暴飲暴食的行為。AgRP也被認為與肥胖、飲食疾患有關。

　　BBC有一個影片名為「酒精的真相」（The Truth About ALCOHOL），其中一個實驗是請兩組受試者分別進行一個「酒精如何影響記憶力」的實驗，但這個實驗主題是假的。受試者**被告知實驗過程中要飲用啤酒**，但其實其中一組受試者飲用的是無酒精啤酒，而實驗者真正的目的是：觀察兩者在整個實驗過程中吃下了多少桌上的零食。結果發現，喝到真啤酒的那組，比另一組多吃了11%的量。

　　其實根本不用這個實驗，臺語有一個詞叫做「起酒夭」，意思是喝了酒就會

---

1. 但攝取同樣的酒精量，飲用烈酒造成的額外熱量攝取仍是所有酒類中最少的。

想吃東西。你我或許都有這種經驗，明明晚餐已經飽到天靈蓋ㄌ，到了酒吧一杯兩杯……不知不覺就點了炸雞跟薯條？回到家甚至還用一碗泡麵收尾？

另外讓我感到訝異的是，原來喝酒時肝臟會抑制葡萄糖釋出，血糖的濃度是不升反降！血糖一降導致了飢餓感（開胃酒應該改成開肝酒才對），讓我們想要快速地補充營養，然後就一個吃，吃爆！

此外，酒精還會干擾脂肪燃燒。脂肪的主原料是脂肪酸，原本會氧化代謝並產生能量，但這個過程在肝臟很忙ㄉ時候（忙著代謝酒精）會被抑制，加上飲酒本身就會產生大量的脂肪酸，這些無法代謝的脂肪酸留下來，就變成經常喝酒的人共通的問題──脂肪肝。

其他還有關於飢餓素、瘦素、血清素等激素、神經傳導物質與酒精的研究，都指出酒精影響進食的可能性。想想自己有多少次因為喝酒多吃了不該吃的東西（遮臉），就知道熱量的來源酒應該只占一小部分，但它卻幫我們搭上一班攝取熱量的失速列車。

最後想和各位分享一個心得，在我認識的同齡朋友中，酒量最好的那些通常都有運動習慣。雖然我們都知道飲酒會妨礙健身（尤其是重訓），但他們是醉漢邏輯：運動是為了喝更多酒，用一種「想喝更多酒就要更努力」來砥礪自己，雖然我覺得好荒唐，但怎麼又覺得有點感動？

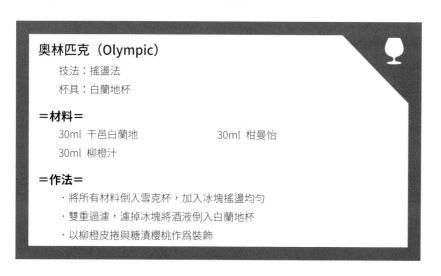

奧林匹克（Olympic）

　　技法：搖盪法

　　杯具：白蘭地杯

＝材料＝

　　30ml 干邑白蘭地　　　　30ml 柑曼怡

　　30ml 柳橙汁

＝作法＝

　　・將所有材料倒入雪克杯，加入冰塊搖盪均勻

　　・雙重過濾，濾掉冰塊將酒液倒入白蘭地杯

　　・以柳橙皮捲與糖漬櫻桃作為裝飾

047

混酒喝真的容易醉嗎？
怎麼喝不容易醉？

　　喝酒這件事如果要選一個最強的鄉野怪談，「混酒喝容易醉」絕對可以登上排行榜第一名。有些人還同時有個超矛盾的看法，既認為雞尾酒是不會喝酒、不能喝烈酒的人在喝的，又同時相信混酒喝容易醉，可是……雞尾酒就是一個大混酒啊！長島冰茶還混了五種呢！

　　有些鄉野怪談只有長輩相信，但混酒喝容易醉是不分男女老幼都相信，這些說法大多來自感覺、經驗，或根本是聽來的，總之他們就是對此深信不疑。其實這是完全沒有科學根據的說法，我聽過最荒謬的理論，是因為要代謝不同的酒精所以肝臟負擔會比較大……天啊，酒精就酒精，難不成還有紅酒酒精跟伏特加酒精之分嗎？

　　混酒喝容易醉有什麼根據呢？其實目前最普遍的看法是**「混酒喝讓人無法得知實際的酒精攝取量。」**喝啤酒喝到第五杯可能知道可以了，龍舌蘭Shot尻到第七Round已經差不多了，葡萄酒一瓶可能是極限……只喝同一種酒時，我們能從外部線索和體內反應適當地調節飲用量。

　　但同時混喝不同酒，除非能保持清醒，一邊喝一邊看酒標、一邊記容量還能一邊進行高效能的運算，不然整個晚上喝下多少酒很難得知（調酒更難計算），加上會出現這麼多酒的場合通常相當荒唐，或是去了好幾種不同的地方續攤。

　　還有一種可能是體質與酒的種類，就像有些人對葡萄酒內的添加物過敏，不同的酒或調飲法可能也會讓人攝取到會有不良反應的物質，但這並不是因為混酒本身，而是混酒會讓人接觸到它們的風險提高。如果不是過敏體質，重點其實還是攝取的總酒精量，而不是混了什麼酒。

　　那麼……要怎麼喝比較不容易醉呢？其實這是老生常談了，而且也是大部分有在喝酒的人都知道的事情，總結如下：

1. 不要空腹喝酒： 吃飽喝酒會延緩酒精吸收，空腹會超高速吸收，我曾聽過一種說法是「我第一口是空腹，第二口開始就不算空腹了。」這是沒有明天的醉漢邏輯，母湯啊母湯。

2. 酒不要喝太快： 酒醉與否除了攝取量，還有攝取的速度，高速的攝取通常伴隨高速的登出，當身體無法負荷血液酒精濃度（Blood alcohol content，簡稱BAC）的提高過快，就會產生各種酒醉的症狀。

3. 喝多少酒喝多少水： 喝酒會造成脫水，而喝水本身也能減緩酒精吸收（體內稀釋）。所以，喝酒時附上Chaser（醒酒水，通常是水）不是沒有原因的，而那些把啤酒或低於40%液體都當Chaser的人相當不健康，好孩子千萬不要學喔！

總之想要不喝醉，**吃飽、配水、慢慢喝**，記得這三大原則，身體狀況不好不要硬喝，隔天就不用請人幫你記憶拼圖啦！

紐約酸酒（New York Sour）

　　技法：搖盪法

　　杯具：古典杯

＝材料＝

　　45ml 波本或裸麥威士忌　　　20ml 檸檬汁

　　20ml 純糖漿　　　　　　　　適量 冰鎮葡萄酒

＝作法＝杯

　　‧將所有材料倒入雪克杯，加入冰塊搖盪均勻

　　‧濾掉冰塊，將酒液倒入古典杯，補入適量冰塊

　　‧以酒嘴與吧匙輔助，將適量葡萄酒漂浮於酒液表面

＊紅酒混威士忌，怕了吧？

048 | 爲什麼會宿醉？解宿醉有妙方嗎

　　身為一個職業醉漢，應該多少都有過宿醉的經驗：頭爆痛超暈、上吐下瀉、腸胃極度不適，一整天都沒辦法專心做事。每次宿醉都會告訴自己絕對不要再（這樣）喝，然後過一段時間又會忘記，再進入下一次的宿醉循環⋯⋯（是不是讓你想起那個誰？）為什麼會宿醉？「宿醉怎麼解」可說是醉漢最熱門的話題。

　　宿醉不是由單一因素造成。第一種說法認為，酒精會抑制抗利尿激素，導致排出過多水分進而造成脫水，所以宿醉要多喝水就是這個原因。不過這個說法有個問題⋯⋯如果真的是這樣，為什麼喝完水還是覺得很不舒服呢？

　　第二種說法認為是體內還沒代謝完成的乙醛在作祟。前面有提到，人體如果缺乏ALDH2將乙醛轉換成乙酸，就會出現臉紅、噁心與心悸等症狀，這或許能解釋為什麼有些人宿醉只有幾個小時，有些人可能會直接出現消失的禮拜天。不過也有研究顯示，乙醛快要代謝完的時候，反而是宿醉症狀最嚴重的時候。

　　第三種說法認為宿醉是因為低血糖。分解酒精需要能量，因此隔天一早會出現低血糖的症狀，像是頭暈、手抖等，不過進食好像也不能緩解症狀，有時候還會吃完馬上逆噴變白吃。

　　第四種認為宿醉是因為酒中的同屬物，所以喝相同的酒精量（不是體積，是換算成純酒精），喝蒸餾酒的宿醉程度會比釀造酒低——蒸餾會去除很多的同屬物（包含造成宿醉症狀的甲醇），因為陳年會產生更多的同屬物，所以喝陳年烈酒的宿醉程度會比白色烈酒高（如伏特加）。

　　第五種說法認為，宿醉是因為體內酒精濃度快速下降，需要立刻攝取酒精的戒斷症狀。但⋯⋯有宿醉過的人都知道，戒斷症狀（想喝酒！急救！）跟宿醉差蠻多的，不過這也成了許多人宿醉會喝「回魂酒」（關於回魂酒，請見〈061 解宿醉可以喝什麼酒？〉）進行治療的好理由。

說到回魂酒，小時候聽家中長輩說，血管在喝酒時會擴張，會宿醉是因為退酒後血管收縮、血液不容易送到腦部所導致，因此再喝酒可以幫助血管擴張緩解症狀，而且一定要喝溫的擴張效果更好。（現在聽起來好像賣藥電臺的臺詞）

其實再喝酒只是再進入酒醉狀態，延後宿醉的發生。喝酒或許可以稍微緩解頭部症狀，但對於腸胃又是再一次傷害，相當不推薦，最理想的解宿醉解方我認為只有兩個：**喝水與睡覺**。

順帶一提，坊間所有可以買到標榜解酒的藥或食品，都不是以解酒為效果核發販售的，它們只是營養補充品，有一些含有能減緩酒精吸收的成分。會不會酒醉跟酒精吸收速度有關，只要在喝酒前吃很多東西，也可以達到類似的效果

當然啦，還是有蠻多人認為像是B群或薑黃等營養補充品對解酒有幫助，喝酒前會先嗑了再上。關於這點，我的看法比較開放：你覺得有效就有效囉（安慰劑效應是很神奇的）。不過最近也有研究指出，薑黃保健品可能會罹患藥物性肝病，狀況不好就是少喝酒就好，不要讓肝臟被酒精與薑黃雙重打擊。

最後是宿醉的偏方，如果遇到宿醉很嚴重的人，我會建議他喝點可口可樂或他喜歡的碳酸飲料，喝完後如果想逆噴就會加快速度噴出。在此之前，至少先緩解噁心感，如果沒有逆噴就當補充一些糖分，然後就是快點去睡覺啦！

　　宿醉很不舒服又吐不出來的時候，建議不要挖吐處理，這樣容易受傷且效果不一定好。將昨夜沒洗的杯子罩住口鼻，原地旋轉轉到覺得快要不行，就直接往馬桶走去是個又快又安全的作法。

　　關於宿醉的特效藥，目前仍有研究正在進行中，但如果真的有特效藥，會不會大家更勇往直前地在前一天尻爆？就像有研究指出有些人天生體質特異，怎麼喝都不會宿醉，反而會更有酒精依賴的風險。最後還是勸大家理性飲酒，不要宿醉就不用找偏方啦！

狗毛（Hair of the Dog）*
　　技法：直調法
　　杯具：古典杯

＝材料＝
適量　克里奧風格苦精　　　　　　滿杯　大冰塊
適量　蘇打水

＝作法＝
・杯中裝滿碎冰，倒滿蘇打水
・灑上苦精，盡量不要抖到外面
*狗毛泛指各種解宿醉的偏方酒，這杯是我的版本。

049 你有斷片經驗嗎？
喝酒為什麼會斷片？

先來定義幾個名詞。如果喝酒喝到毛利小五郎模式，我們稱為登出，在這個狀態的醉漢基本上已經開飛航，與外界暫時失去聯繫。有些人登出後會直接關機到隔天，有些人登出後很快就可以再登入——我曾在某場一支會遇到同學登出摔破頭叫救護車，本來以為他會好好靜養，沒想到他縫完針又再登入回來繼續喝（好孩子不要學）。

斷片是指喝酒之後，登出前某段時間的記憶喪失；這可能是完全沒有畫面，或是仍有不完整、斷斷續續的記憶。斷片的英文是Blackout，完全黑畫面的叫en bloc Blackouts，還有幾個畫面的印象則稱fragmentary Blackouts。斷片時間可長可短，有些人只有登出前一兩個小時斷片，有些人從開始喝就斷片ㄌ……

斷片跟記憶力的機制有關。我們清醒時接觸到的資訊會形成短期記憶（畫面、聲音、文字），並且會從中將重要資訊轉錄到長期記憶以供後續提取。舉例來說，你想訂一間餐廳，Google後默念完號碼就打過去，電話響很久沒人接，幾分鐘後你想再打一次發現已經忘記號碼，又再Google號碼打一次還是沒人接，重複幾次後發現自己已經將電話號碼背下來了。

另一個例子是手機驗證碼。你可曾記得人生任何一次的手機驗證碼？因為它在我們默念完輸入後馬上失去意義，心理學稱之為更短暫的「感官記憶」（sensory memory），但餐廳號碼不一樣，打過幾次訂位訂不到會形成短期記憶，打到你暴怒就變成長期記憶了。

總之，我們每天要處理的資訊量都很龐大，不可能將一天的經歷全部收錄，感官記憶會持續地出現又消失，但其中重要的會變成短期記憶，超重要的就會變成長期記憶。

雖然目前仍有不同理論，但科學家大致同意人腦中負責短期與長期記憶的部

位是海馬迴，如果這部位受損會無法形成新的記憶。許多電影都在描述這種失憶症，像是那種隔天起床男女主角要再認識一次的愛情喜劇片。

斷片就是因為酒精會干擾海馬迴作業。當人體血液酒精濃度快速升高且達到一定濃度，記憶的功能就會受到干擾。這也解釋了為什麼有些人喝酒講話會一直跳針：她問了對方的名字，然後過兩分鐘又再問一次，一個晚上可能重複問十幾次，到了隔天還是會問朋友LINE裡面那個David是誰，就是感官無法形成短期、更不要說變成長期記憶了。

我們更喜歡用「導航模式」稱呼斷片，因為這時候的醉漢其實是有意識的，還能夠跟你互動（只是隔天醒來什麼都不記得）。好的導航系統，會依據累積很久的長期記憶協助主人：結帳算人頭、在朋友強迫下複誦家裡地址、指揮Uber司機、拿出鞋櫃底下的鑰匙、避開阿母房間門口、找到床而不是浴室地板，最後安全登出沒有摔破頭。不好的導航系統，則會帶主人做一些危險或很低能的事，比如說清醒時根本不會想跟他「修竿」的人，導航卻帶著妳「嗯嗯啊啊以辜優」；清醒時很清楚那是店家的窗簾而不是大衣，但離開時就是想把它披在身上帶走。

研究顯示，空腹、短時間內大量飲酒造成血液酒精濃度快速升高，是斷片的主要原因，因此飯後慢慢喝、喝一個晚上的情況下，很少會斷片。根據我的經驗，斷片的兇手通常是連續尻Shot，導航系統很爛的人千萬不要輕易嘗試喔！

青蘋果樂園 （What's Your Name?）

技法：搖盪法

杯具：長飲杯

＝材料＝

55ml	勒薩多酸蘋果酒	20ml	蘋果白蘭地
30ml	白麗葉酒	15ml	檸檬汁
1tsp	純糖漿	1/4tsp	山葵醬
適量	蘇打水		

＝作法＝

· 將蘇打水以外的液體倒入雪克杯，將山葵醬攪拌至溶解

· 加入冰塊搖盪均勻，將酒液倒入杯中，補入適量冰塊

· 加入適量蘇打水，稍加攪拌，以蘋果切片作爲裝飾

* 小虎隊的〈青蘋果樂園〉是翻唱日本少年隊的歌曲〈What's your name?〉，而那個整晚問十幾次名字的
人是我太太。

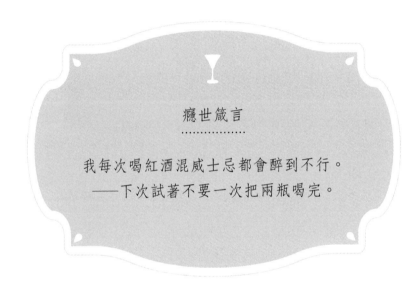

瘾世箴言

我每次喝紅酒混威士忌都會醉到不行。
——下次試著不要一次把兩瓶喝完。

第四章

歷史探源

為什麼有些雞尾酒會成為「經典」流傳至今，有些調酒卻默默在時代演變中消失？雞尾酒（Cocktail）一詞的意義為何？現代的調酒與早期的調酒又有什麼不一樣？別打瞌睡，讀完能讓雞尾酒知識更厚實的就是這章！

邁泰

050 你在學調酒？
那你會甩瓶子嗎？

看過一句話惹惱XX系學生系列嗎？如果調酒有科系，這題應該可以入選。

有些人對調酒的印象，是出現在表演會場或調酒比賽的花式調酒。想到調酒，就想到甩瓶與其他炫技的動作，然而他們不知道的是，大部分說在「學調酒」的人，指的都不是花式調酒。

純粹的**花式調酒**（Flair bartending）偏向表演性質，重點並不在喝，而且表演完如果有飲用需求還要另外調製。實際上，表演的調酒並不會拿來喝，餐飲科學生在受訓後即使動作表演得相當出色，也不一定具備調酒的相關知識。

有花式調酒，那對應的另一種是什麼調酒？在臺灣有些調酒比賽會分成「花式組」與「傳統組」進行，後者在比賽中雖然也對動作與儀態有所要求，仍然有部分表演性質，但不會有像花式調酒那樣較大的動作。

大部分有在學調酒的人，既非傳統也不是花式調酒，不妨把它想像成烹飪的一種：自己看食譜動手做、找教室跟老師學，重點在於過程的樂趣以及和親友享用作品的成就感，沒有要當廚師（調酒師），也沒有要比賽。

實際走訪酒吧或夜店會發現，調酒師雖然沒有甩瓶，但使用吧匙、量酒器、開瓶器或雪克杯的動作，都需要經過一定程度的練習才能完成。這種以調製雞尾酒為目的，但仍保有花式技巧的調酒動作稱為**Craft Flair**，以此為關鍵字在YouTube搜尋可以看到許多教學影片。

探究調酒表演的起源，最早可追溯自160年前。有美國調酒教父之稱的傑瑞・托馬斯（Jerry Thomas），他調製熱托地（Hot Toddy）時，將烈酒點火並在兩個銀杯中交互倒入，長長的液體火焰柱散發出香味，讓當時第一次看到燃燒雞尾酒的客人都驚呆了，而這杯酒還有一個很炫的名字：**藍色烈焰**（Blue Blazer）。

近代花式調酒開始流行是從連鎖餐廳TGI Fridays™開始的。1986年，該公司鼓勵旗下的調酒師，調酒時加入讓客人更印象深刻的浮誇動作，透過全美各分店的推廣，帶起了花式調酒的風潮。

同年，TGI Fridays™舉辦了一個名為「酒吧奧林匹克」（Bar Olympics）的比賽推廣花式調酒，由約翰‧班迪（John Bandy）獲得冠軍。之後班迪負責指導影星布萊恩‧布朗（Bryan Brown）與湯姆‧克魯斯（Tom Cruise）調酒動作，並於1988年推出電影《雞尾酒》（*Cocktail*），片中飾演師徒的兩人華麗共演，透過票房的賣座讓花式調酒推廣到全世界，之後也有相當多的花式調酒比賽陸續誕生。

粉紅松鼠（Pink Squirrel）

技法：搖盪法
杯具：古典杯

＝材料＝

20ml 迪莎蘿娜香甜酒	20ml 伏特加
40ml 鮮奶油	2tsp 紅石榴糖漿

＝作法＝

‧將所有材料倒入雪克杯，加入冰塊搖盪均勻

‧濾掉冰塊將酒液倒入古典杯，補入適量冰塊

‧以巧克力餅乾碎塊作爲裝飾

* 這杯酒曾出現於電影《雞尾酒》的片段，是1941年布萊恩‧夏普（Bryant Sharp）於密爾瓦基的創作，因爲臺灣沒有進口Crème de noyau liqueur（一種以核果製作的深紅色香甜酒），故本酒譜以迪莎蘿娜搭配紅石榴糖漿代替。

---

051 雞尾酒（Cocktail）一詞究竟從何而來？

　　Cocktail一詞最早有文字定義是在1806年，但在1803年即首度以「飲料」的身分出現在文獻中。為什麼說飲料？那是因為不確定有沒有酒精成分，只能從前後文得知是一種「有益身心」的液體。以下是一些關於雞尾酒起源的說法。

不要浪費說

　　第一種說法認為，古早時候酒都是裝在木桶中販售，賣到最後剩下的酒會有很多的殘渣，味道不好但倒掉可惜，老闆就摻入一些其他東西便宜賣給酒客。由於木桶的出酒龍頭英文稱為Cock，剩下的酒是尾巴（Tail），Cocktail指的就是這些最後從Cock流出的Tail。

肛肛好說

　　第二種說法與馬有關。Cocktail原本是非純種馬的代稱，指的是摻了其他東西的烈酒，因為不純所以略帶貶意。跟馬有關的還有一種不太衛生的說法：在馬匹買賣時，尾巴豎起的馬看起來比較有精神、活潑，賣家會用生薑去肛馬匹，馬被肛了之後尾巴就會豎起（Cock），Cocktail就是指用生薑去Cock馬的Tail（怎麼像在罵髒話），Cocktail在當時被認為有提神醒腦的功效，喝了它就好像被肛了一樣⋯⋯會打起精神⋯⋯這段真的不是我掰的，不信可以Google一下。

以杯之名說

　　第三種說法認為Cocktail一詞起源於紐奧良，法裔藥劑師安東尼・裴喬（Antoine Peychaud）將自家的苦精結合干邑白蘭地，創作出賽澤瑞克（Sazerac）雞尾酒。他用一種名為Coquetier的杯具裝這杯酒，美國人無法正確發音，將它唸成了Cocktail。

1. Coquetier是一種吃蛋用的容器，用「蛋杯」兩字Google看看。

今晚吃雞說

貝絲·弗拉納根（Betsy Flanagan）在美國獨立戰爭期間的1779年開了一間酒館，店裡常有很多法軍（當時是美國同一陣線）與美軍光顧。弗拉納根的酒館隔壁有個討厭的英國佬養了很多雞，在一個月黑風高的晚上，這些雞不知道為什麼突然出現在酒館的餐桌上，而且拔下來的雞尾巴還被貝絲拿來裝飾每一杯酒，法軍與美軍非常高興，一起舉杯大喊Vive le cocktail（雞尾酒萬歲）！

撒尿牛丸說

這個故事有點母湯，是說一名酒館老闆有個公雞造型的陶瓷容器，每天晚上他都會將所有客人喝剩的酒倒進去，如果你想喝酒又沒有錢，就可以喝從雞尾巴排出的神秘液體……

女神公主說

有人認為Cocktail一詞源自阿茲特克女神Xóchitl，據說墨西哥同名公主曾經提供酒給美軍。由於大家不知道怎麼稱呼這個酒，就以最接近的發音命名向公主致敬，但我查了一下Xóchitl的發音跟Cocktail差很多捏，是喝太多口齒不清嗎？

這麼多關於Cocktail的起源故事你喜歡哪一個呢？順帶一提，5月13日是世界雞尾酒日，用來慶祝1806年Cocktail首度被定義的那天。

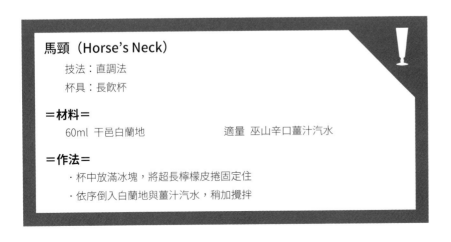

馬頸（Horse's Neck）

技法：直調法
杯具：長飲杯

＝材料＝

60ml 干邑白蘭地　　　　　適量 巫山辛口薑汁汽水

＝作法＝

· 杯中放滿冰塊，將超長檸檬皮捲固定住
· 依序倒入白蘭地與薑汁汽水，稍加攪拌

癮世箴言

我的Mojito可以去冰嗎？
——去你ㄇ…莫…希托的冰嗎？好的，請稍候。

052 | 如何定義「經典」雞尾酒？

經常有同學在調酒完成後問：「這杯算是經典調酒嗎？」這個問題有兩種意思，第一種是想問「這杯酒是你們自己發明的（特調）嗎？」另一種其實是對經典調酒有奇幻思考，認為有一個偉大的機構或單位，會將雞尾酒認證為「經典」與「非經典」。

事實上經典是一種程度、一種約定成俗的共識。以下的分級與口味、好壞完全無關，主要是以知名度或點選率，僅供參考的列舉（都是腦中立刻浮現的調酒，可能有點個人偏好，如果漏了您喜歡的那杯，敬請見諒）。

第一級的經典，即使是資淺的調酒師也會做，就算不會做至少有聽過；甚至不要說調酒師，連一般人也都知道，像是長島冰茶、馬丁尼、琴通寧、瑪格麗特、莫希托。

第二級的經典，經常跑Bar的酒客會知道、調酒師也應該要會的雞尾酒，像是古典雞尾酒、內格羅尼（再次強調分級與口味、好壞無關，不然我會被內格粉砲死）、新加坡司令、鳳梨可樂達、側車、邁泰。

第三級的經典，通常是業餘調酒人自行鑽研、或是經常要面對經典調酒點單的資深調酒師應該要能調製的雞尾酒，像是馬丁尼茲（Martinez）、薇絲朋（Vesper）、蘿西塔、叢林鳥、百萬美元、法蘭西斯‧亞伯特。

還有一種經典是與時俱進的：正在流行、具有現代經典（Modern Classic）潛力、在雞尾酒復興運動中重新被檢視並調整的雞尾酒，它們對酒客來說相對陌生，一般人可能連聽都沒聽過，像是阿爾諾、盤尼西林、血與沙、臨別一語（Last Word）、飛行（Aviation）、老古巴人（Arnaud）。（如果這幾杯您都聽過喝過，想必對調酒中毒已深……）

關於級與級之間的界線非常粗略、模糊，每個酒客、每個店家、甚至不同國

家的飲酒文化都有自己認為的經典分級，但**綜合這些「認為」的最大公約數，就是某杯酒的經典程度。**

但一杯酒要如何形成共識、進一步成為經典呢？我綜合了一些調酒師、雞尾酒書的看法，來談談要成為經典可能需要哪些條件。

材料必須容易取得

如果酒譜材料太多，或是當中有不易取得的酒款、須自行Infuse[1]，不容易重現的食材，都會讓酒譜難以複製，在酒譜書中最先被嘗試的那些酒，就是手邊已經有材料的，不是嗎？

具有話題性

馬丁尼要用搖的還是攪的？拉莫斯琴費士要怎麼搖12分鐘？盤尼西林喝起來真的有藥味？長島冰茶裡面有茶嗎？ 莫希托一定要用碎冰嗎？瑪格麗特為什麼有鹽口杯？內格羅尼用什麼組合才是王道？當一杯酒越具有話題性，就更容易被討論、被點選。

流行文化的帶動

《007》與馬丁尼、《慾望城市》與柯夢波丹、鳳梨可樂達之歌、嘉年華與卡琵莉亞等，都是藉由媒體帶動流行加速普及。近期周杰倫的歌曲〈Mojito〉、影集《后翼棄兵》（*The Queen's Gambit*）裡一再出現的吉普森（Gibson），都在酒客間引發一波點選熱潮。

---

1. 編注：Infuse是一種調酒技法，也就是將水果、茶葉、辛香料、藥草等浸泡至基酒中，以期製作出特殊風味的酒。

要讓調酒師發自內心地覺得好喝

想像一下，某間酒吧的特調突然大賣，老闆當然希望酒譜不要外流，但店內的調酒師到其他酒吧喝酒時，因為太好喝忍不住和同行分享，對方喝完驚為天人也跟著推廣，客人喝了喜歡又問別的調酒師會不會做，有人會點、有人會做，進而形成經典誕生的良性循環。

老古巴人（Old Cuban）

技法：搖盪法
杯具：淺碟香檳杯

＝材料＝

6 片	薄荷葉	1.5oz	陳年蘭姆酒
¾oz	檸檬汁	½oz	純糖漿
2dash	安格式芳香苦精	適量	冰鎮香檳

＝作法＝

· 將香檳以外的材料倒入雪克杯，加入冰塊搖盪均勻
· 濾掉冰塊與葉片，將酒液倒入已冰鎮的淺碟香檳杯
· 倒入適量冰鎮香檳，以薄荷葉作為裝飾

* 此為2004年，由Audrey Saunders在美國紐約的創作。

053 什麼是經典調酒Twist？

Twist在調酒中有兩種意思：第一種是指「扭轉」果皮，讓皮油噴附於酒液表面或製作捲曲造型當裝飾；第二種取其「變化」之意，指從經典雞尾酒為發想，稍加改變或重新詮釋的創意雞尾酒。

有幾種常見的經典調酒Twist，最常見的是替換基酒（例如：原本以琴酒為基酒的調酒改以蘭姆酒調製），或是加入其他材料（例如：柯夢波丹就像加入蔓越莓汁的神風特攻隊〔Kamikaze〕）。改變品牌也是一種方式，有些酒商會將某杯經典調酒的材料指定使用自家品項再加以冠名，例如用柑曼怡（Grand Marnier）替換橙皮酒的瑪格麗特，稱為Grand Margarita。

有些改太大的酒譜，乾脆以二號、三代等方式命名，知名的長島冰茶二代就是一例，從B52衍生出的酒更是不計其數。其他像是改變呈現方式、加入自製素材或從既有酒名發揮創意改名，都可視為一種經典調酒Twist。

有幾種雞尾酒的「原型」推薦多加嘗試、日後能以它們為基礎發揮創意。

第一種我稱為**三合一調酒**，基礎型態就是「**基酒＋橙皮酒＋酸甜**」，經典的例子是白色佳人。這類調酒無論是替換基酒、改變橙皮酒品牌或乾脆用其他香甜酒、改變或增加使用的酸味果汁、換不同的糖漿或甜味來源，都是基本不敗的酸味調酒。

第二種是以「**苦酒**」為核心的原型。美國佬（Americano）這杯酒最早是從單純的**肯巴利＋甜香艾酒**為基礎，再加入蘇打水以符合美國人的口味，但後來反而是改加琴酒的內格羅尼最受歡迎，更衍生出像是白內格羅尼（White Negroni）這種現代經典；苦酒除了肯巴利還有許多選擇（例如亞普羅），甜酒與第三項材料也能替換。

第三種是「**基酒＋香甜酒＋苦精**」，原型最早的材料就是組成雞尾酒

的元素，演變到現在成為辛口馬丁尼（Dry Martini）這種終極型態。教父（Godfather）、鏽釘、黑色俄羅斯（Black Russian）等經典調酒原本都只有基酒＋香甜酒，以此為基底，選用適當的苦精加以搭配，無論是直調長飲還是攪拌短飲都很適合重型醉漢：高酒精度、層次豐富又耐喝。我自己很喜歡的老爺車，就是從B&B與德比（Derby）兩杯酒發想而成。

第四種是「**基酒＋藥草酒＋香甜酒＋酸**」，經典的例子是亡者復甦二號（Corpse Reviver#2）與臨別一語，這類調酒厲害之處在於三種酒類的選材與比例拿捏，前文提到的一脫成名（Naked and Famous），將梅茲卡爾（煙燻）、亞普羅（苦甜）與夏特勒茲（高濃度藥草）這三種不是那麼大眾化的材料，藉由檸檬汁抑制甜度讓所有材料達到完美平衡，是杯令人驚豔的調酒。

琴琴騾子（Gin Gin Mule）

　　技法：搖盪法
　　杯具：長飲杯

＝材料＝

60ml	琴酒	15ml	檸檬汁
10ml	純糖漿	2~3 片	薑片
12 片	薄荷葉	適量	薑汁汽水

＝作法＝

‧雪克杯放入檸檬汁、糖漿與薑片，以搗棒搗碎
‧倒入琴酒，放入薄荷葉，加冰塊搖盪均勻
‧雙重過濾，將酒液倒入放滿冰塊的長飲杯
‧補滿薑汁汽水，以薄荷葉與檸檬片作爲裝飾

＊此爲2000年，由Audrey Saunders在美國紐約的創作，是一杯以琴酒爲基酒Twist莫斯科騾子的例子。

054 | 要怎麼找到「標準」（原始）的酒譜？

　　經常有同學在活動中問到，這杯酒的酒譜是標準（或原始）的酒譜嗎？要如何找到標準的酒譜？

　　通常我會回答：有些酒譜有明確的文獻記載可以找得到原始酒譜，但就像做菜一樣，現在的酒譜大多是後人經過調整的版本，可能已經與原始酒譜有所差異。但有些認為原始、正宗、元祖、首創就是標準就是好的同學，通常會繼續問下去，就得花時間好好解釋一下為什麼原始酒譜不一定最好了。

　　以琴酒為例，在柱式蒸餾器尚未普及、英式倫敦琴酒還沒誕生的年代，調酒用的琴酒以老湯姆琴酒（Old Tom Gin）為主流，這是一種甜度很高的琴酒。在下一篇〈為什麼馬丁尼是雞尾酒之王？〉裡我們試調1888年哈利・強森（Harry Johnson）所著《調酒師手冊》（*Bartender's Manual*）中的馬丁尼，究竟這134年前的酒譜好不好喝呢？

　　現代人如果喝到這個版本的馬丁尼，應該會被嚇到好大一跳跳……糖漿，甜的。庫拉索酒與苦艾酒，甜的。老湯姆琴酒，甜的。香艾酒，甜的。就連用來裝飾的櫻桃，也是甜的。哈利難道是臺南人來著？與現代追求不甜、辛口、高濃度的馬丁尼相比，其實已經是完全不一樣的東西。

　　聽過**環遊世界**（Around the World）這杯調酒嗎？很多人聽到名字就會與酒精濃度很高、混很多種烈酒香甜酒、顏色很華麗、一杯就會喝到登出開飛航模式環遊世界。但這杯酒的原始酒譜，其實只有用到琴酒、薄荷香甜酒與鳳梨汁……如果你在店家喝到原始酒譜會不會感覺被騙？這才不是環遊世界……可惡啊，這只有英法自由行！

　　美國調酒教父傑瑞・托馬斯於1862年出版的《調酒師指南》（*Bartenders Guide : How to Mix Drinks*）一書中，有很多杯酒用到「水」這項材料。開什麼玩笑，調酒

控制融水量都來不及了，居然還要另外加水？有幾杯酒還特別註明「雪克杯裝三分之一滿的冰塊」。推測加水的原因，可能是運送成本上的考量——當時的酒精濃度都較高（體積相對較小），使得飲用前需加以稀釋。冰塊不裝滿的原因，可能是當時冰塊取得仍較為不易、要省著點用。無論真實原因為何，在現代的酒譜中，很少會看到這樣的作法。

其他像是製酒技術進步、材料取得的難易度、人們飲酒口味的變化、流行文化的影響，酒譜也會動態地與時俱進。原始、早期或是所謂的標準酒譜可以當作參考，調製時再隨著口味喜好調整，才能找到屬於自己的完美平衡。

環遊世界（Around the World）

技法：搖盪法

杯具：長飲杯

＝材料＝

15ml 琴酒　　　　　　　15ml 伏特加

15ml 蘭姆酒　　　　　　20ml 水蜜桃香甜酒

15ml 檸檬汁　　　　　　10ml 純糖漿

2tsp 藍柑橘香甜酒　　　1tsp 荔枝香甜酒

適量 蘇打水

＝作法＝

· 將所有材料倒入雪克杯，加入冰塊搖盪均勻

· 濾掉冰塊，將酒液倒入長飲杯，再補入適量冰塊

· 加入適量蘇打水，稍加攪拌、以檸檬角作為裝飾

* 用了七個國家的材料，這版環遊世界算有誠意了吧？

055 | 爲什麼馬丁尼是雞尾酒之王？

　　第一次喝到馬丁尼的您，是否也曾有過這個疑問？論酒精濃度，馬丁尼雖然濃，但比它濃的調酒多的是；論受歡迎程度也沾不上邊，既不酸又不甜，不太喝酒的人甚至會覺得酒辣辣苦苦；論知名度更不用說，身邊隨便找個朋友問他聽過哪些調酒，回答馬丁尼的一定少於長島冰茶、琴通寧、莫希托這些酒。

　　但馬丁尼不只有雞尾酒之王的稱號，馬丁尼杯更是雞尾酒文化最具代表性的圖騰、一想到雞尾酒就會想到的符號。有句話是這麼說的：「只要是放在馬丁尼杯裡的酒，都能稱為馬丁尼。」有些創意調酒命名時，很直覺的就以XX馬丁尼命名，就算說馬丁尼是雞尾酒代名詞也不為過，到底是為什麼呢？

　　或許我們能從馬丁尼的材料，來探討馬丁尼何以為王。1806年，Cocktail一詞首度出現文獻記載，當時認為這是一種用來解宿醉的飲料，具備四大基本元素：**苦精、酒、糖與水**，而且主角是能緩解腸胃不適的苦精，糖與水只是輔助吞服，加入酒則是能緩解頭部症狀，是一個我再喝醉就不算宿醉的概念。

　　1862年，傑瑞・托馬斯在其著作《調酒師指南》一書提到Cocktail時，可以發現它已經同時具備**娛樂性飲品**與**解宿醉良方**的特性，不過當時Cocktail並不像現在是雞尾酒的統稱，而是眾多調飲方法的其中之一，馬丁尼這杯酒也還沒出現。

　　1884年，調酒師拜倫（O.H. Byron）的著作現代調酒師指南（*The Modern Bartenders' Guide*）一書同時收錄了**曼哈頓**與**馬丁尼茲**這兩杯酒，並認為後者是前者的變體（從威士忌變成琴酒），它們被收錄於Cocktail區，而且多了香艾酒（Vermouth）這項材料。

　　1888年，當馬丁尼出現於哈利・強森的著作時，用的是有甜味的**老湯姆琴酒**，**甜味來源**則用了苦艾酒、庫拉索酒（Curaçao）還有香艾酒，一樣有**苦精**，冰塊在調製過程中一樣會**融水**。也就是說，馬丁尼仍包含Cocktail的四大元素。

1900年代開始，Cocktail有了重大變化。在那之前，調酒原本是以老湯姆琴酒為主流，接著是與不甜琴酒並存於調酒書；而在那之後，隨著英式倫敦琴酒普及，老湯姆琴酒逐漸式微。

隨著香艾酒越來越流行，調酒變成甜味與不甜並用、從高比例轉為低比例（曼哈頓剛出現時香艾酒比例是威士忌的兩倍）。庫拉索酒則是逐漸從酒譜中消失，取而代之的是柑橘苦精。

1900年，哈利·強森在新版《調酒師手冊》列了兩杯調酒：Marguerite與Bradford Martini，這兩杯酒可說是現代馬丁尼的先驅。

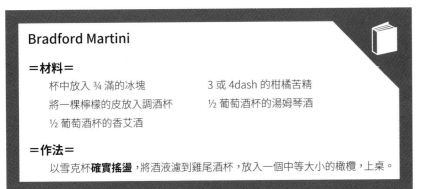

Bradford Martini

＝材料＝

杯中放入 ¾ 滿的冰塊　　　　　　3 或 4dash 的柑橘苦精
將一棵檸檬的皮放入調酒杯　　　½ 葡萄酒杯的湯姆琴酒
½ 葡萄酒杯的香艾酒

＝作法＝

以雪克杯**確實搖盪**，將酒液濾到雞尾酒杯，放入一個中等大小的橄欖，上桌。

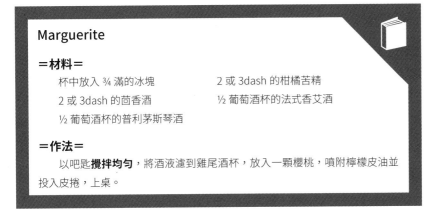

Marguerite

＝材料＝

杯中放入 ¾ 滿的冰塊　　　　　　2 或 3dash 的柑橘苦精
2 或 3dash 的茴香酒　　　　　　½ 葡萄酒杯的法式香艾酒
½ 葡萄酒杯的普利茅斯琴酒

＝作法＝

以吧匙**攪拌均勻**，將酒液濾到雞尾酒杯，放入一顆櫻桃，噴附檸檬皮油並投入皮捲，上桌。

除了等比例的琴酒與香艾酒，以及使用搖盪法調製，Bradford Martini與現代馬丁尼的意象相當接近，甚至還有橄欖呢！Marguerite以攪拌法調製，而且使用相對不甜的法式香艾酒與普利茅斯琴酒，如果拿掉茴香酒，口味上更接近現代馬丁尼。

3年後，提姆・戴利（Tim Daly）出版的《戴利調酒師百科》（*Daly's Bartender's Encyclopedia*），提到馬丁尼的作法是：

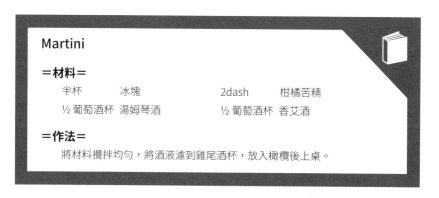

Martini

＝材料＝

| 半杯 | 冰塊 | 2dash | 柑橘苦精 |
| ½ 葡萄酒杯 | 湯姆琴酒 | ½ 葡萄酒杯 | 香艾酒 |

＝作法＝

將材料攪拌均勻，將酒液濾到雞尾酒杯，放入橄欖後上桌。

這個酒譜除了兩種材料的比例，基本上已經與現代馬丁尼無異。隔年，巴黎麗茲飯店酒吧的調酒師保羅・紐曼（Frank P Newman），在其著作首度提到辛口馬丁尼（Dry Martini），其中琴酒與香艾酒比例還是相等，以現代人口味來說一點都不Dry，但首度出現不甜琴酒搭不甜香艾酒，以當時的標準已經Dry爆了。

1914年，雅克・斯特勞布著作中的馬丁尼，琴酒用量已經是香艾酒的兩倍，現代馬丁尼已然成型。此外，書裡所有的酒名幾乎都是XX Cocktail，可見當時Cocktail一詞已經是雞尾酒的統稱。

馬丁尼進化史

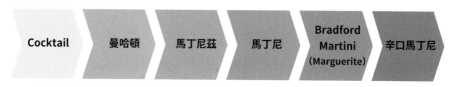

Cocktail　曼哈頓　馬丁尼茲　馬丁尼　Bradford Martini（Marguerite）　辛口馬丁尼

Cocktail從眾多調飲法之一，成為雞尾酒的統稱，從宿醉藥一路隨著調酒文化演變，歷時百餘年成為馬丁尼這種終極型態。Cocktail原始四元素還在，只是從以前的加糖，變成以香艾酒取代（相對琴酒來說是甜的）。

讓我們再把時間快轉100年，現在到酒吧點馬丁尼，即使不用特別說辛口馬丁尼，也會拿到一杯Dry到爆的馬丁尼，四比一、五比一已經是常態，甚至還有涮杯、噴霧、洗冰塊等Dry到無法計算的比例，為什麼要Dry成這樣？

美國禁酒令結束後，琴酒飲用風氣逐漸沒落，二戰後市場甚至被興起的伏特加取代，歷經數十年終於在20世紀末復興，誕生了許多高品質的琴酒，近幾年更不用說，世界各地紛紛成立琴酒廠，以琴酒為主題的酒吧也越來越多！

為什麼馬丁尼越喝Dry、香艾酒比例越來越低、苦精甚至捨去不用、不只控制融水甚至沒有融水（裸體馬丁尼）？我想是因為現在的琴酒直接喝就很好喝，本身味道豐富、品牌選擇又多，如果加香艾酒與苦精不一定能加分，不如就讓它們當作點綴吧！

哈利・強森馬丁尼

在1888年哈利・強森所著的《調酒師手冊》中，馬丁尼雞尾酒的酒譜如下（全文照翻，以前的酒譜就是這麼多貼心小叮嚀）：

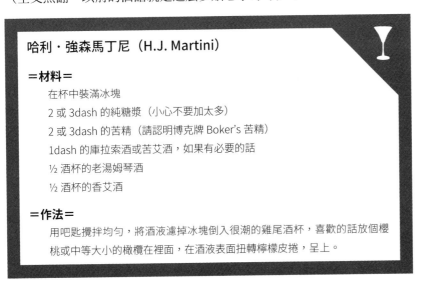

哈利・強森馬丁尼（H.J. Martini）

＝材料＝
在杯中裝滿冰塊
2 或 3dash 的純糖漿（小心不要加太多）
2 或 3dash 的苦精（請認明博克牌 Boker's 苦精）
1dash 的庫拉索酒或苦艾酒，如果有必要的話
½ 酒杯的老湯姆琴酒
½ 酒杯的香艾酒

＝作法＝
用吧匙攪拌均勻，將酒液濾掉冰塊倒入很潮的雞尾酒杯，喜歡的話放個櫻桃或中等大小的橄欖在裡面，在酒液表面扭轉檸檬皮捲，呈上。

056 | 浴缸琴酒？用來泡澡的嗎？

亨利爵士琴酒（Hendrick's Gin）是新型琴酒的代表性品牌，上市短短二十年就在琴酒市場獲得巨大的成功，從我們門市的銷售量、同學在活動中飲用的反應，都能發現它有多受歡迎，這幾年接連推出的新口味也獲得大量好評。

亨利爵士不是傳統的英式倫敦琴酒，因為它在蒸餾完成後，另外添加了保加利亞玫瑰與黃瓜萃取液，成為這瓶琴酒最大的特色，也是許多愛好者覺得它最迷人的地方，杜松子味在花香與蔬果氣息的襯托下顯得更加優雅，雖然濃度高達41.4%，但喝起來溫潤香甜、酒精刺激感非常的低。

酒廠不只這麼製作琴酒，還引以為傲的公開宣示。在活動會場有時會出現浸泡黃瓜與玫瑰花瓣的浴缸，等等……浴缸？為什麼不放在好看一點的容器裡？

其實這個構想從美國禁酒令（Prohibition）的歷史發想而來，1920~1933年間，美國政府實行了禁酒令，不能製造、運輸、販賣、進口酒類，也不能公然飲酒（禁止公然飲用但在家喝沒關係，因為在禁酒令前囤積的酒是私人財產），在這段時間內想要喝酒又買不到怎麼辦？沒關係，醉漢自會找到出路。

第一種是去看醫生，告訴醫師我得了一種不喝酒就會死掉的病，拿到藥用威士忌的處方簽後，「領藥」回家「治療」。現在有些美國威士忌酒標上有Prohibition Style字樣，就是要傳達它們在禁酒令期間有特許執照繼續生產，是藥用威士忌配方的概念，因為在當時威士忌仍被當成藥物的一種選擇（現在對很多人來說好像也是齁）。

第二種是冒險進口。加拿大威士忌就是在禁酒令期間崛起，美國的釀酒人藉著地利之便，將器具與技術引進加拿大，製作出威士忌再從邊境走私回國。更猛的美國醉漢，會乾脆直接偷跑到加拿大豪飲：我又進來了～我又跳出來了～打我呀笨蛋！

第三種是購買私酒。在禁酒令以前，美國沒有什麼像樣的黑幫，但這段時間藉由販賣私酒獲得龐大利益，勢力規模也得以擴張。當時最知名的黑幫份子艾爾‧卡彭（Al Capone）就是藉由販賣私酒鞏固其地位，事蹟更被改編成文學作品並多次躍上大銀幕，《航海王》的火戰車海賊團首領——卡波涅‧培基，其角色原型也是他。

第四種是買一些遊走在法律邊緣的商品，雖然禁止賣葡萄酒，但是販賣葡萄汁可以吧？當時有商人將葡萄汁乾燥後，以磚頭的形式販售，還在標籤上加注「警語」，像是「這個不能泡水泡太久」、「不能放在涼爽的地方21天，不然它會變成某種神秘的液體」，真的是好貼心、太詳盡啦！那個時候麥芽糖漿也賣得不錯，但買的人應該不是想做麥芽糖……

第五種是人們開始變虔誠ㄌ，某些宗教儀式中為了搭配聖餐，可以合法購得葡萄酒飲用——我喝的不是酒，是耶穌寶血，阿們。

假如你不想看醫生、懶得出國、不敢與黑幫打交道、不喜歡葡萄酒也不虔誠，還有最後一個選擇，就是**在家裡DIY蒸餾酒**。其實蒸餾只要懂原理，程序並不是太難，也不需要很高科技的設備。一般人家裡只要有鍋爐跟加熱設備，還有經過發酵、有一定酒精含量的液體，就能在家蒸餾烈酒。

在家蒸餾最大的問題是**「有毒」**與**「難喝」**。這是因為在家蒸餾很難將有毒物質去除，像是在蒸餾前段（酒頭）的有毒物質含量最高必須捨棄，而且因為很難萃取出高濃度、純淨的酒精，過多的雜質讓酒非常難喝。

但生命自會找到出路，醉漢也是。都為了喝酒自行蒸餾了，難道還會care健康？讓我們把重心放在怎麼讓酒變好喝吧！醉漢們想起老祖宗製作琴酒的智慧，把這些蒸餾液拿去浸泡大量的藥材、糖與辛香料，看能不能讓它們好喝點。

但是既然要蒸餾就要有效率。一次多做一點起來泡，在一個家裡能找到最大的容器是什麼？浴缸！健康都不care了難道我還care泡澡嗎？就把所有的酒倒進去浴缸泡吧！於是用這種方式製作的琴酒，就被戲稱為浴缸琴酒（Bathtub Gin）。

禁酒令的結束已近百年，這幾年新式琴酒的崛起，讓各酒廠開始嘗試英式倫

敦琴酒之外的可能，以往這種事後添加、很像什麼見不得人的勾當，在亨利爵士的成功後也成為琴酒製作方式之一，只要前段品質夠好、後段加的又不是什麼不正經的東西，有何不可呢？

　　像是由Ableforth's推出的琴酒，前半段的製作一樣會先進行蒸餾，後半段再採用冷泡材料一週的方式萃取味道，讓那些在高溫蒸餾時不易保存、更接近植物原始的風味能留在酒液中。雖然不是真的用浴缸浸泡，但在概念上都是想讓琴酒更好喝的概念，以浴缸琴酒為名真是再貼切也不過。

　　今晚，就用一杯二十世紀，紀念這段醉漢們為了喝酒努力不懈的歷史吧！

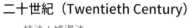

二十世紀（Twentieth Century）

技法：搖盪法
杯具：葡萄酒杯

＝材料＝

45ml 浴缸琴酒　　　　　30ml 白麗葉酒

20ml 白可可香甜酒　　　10ml 檸檬汁

＝作法＝

‧將所有材料倒入雪克杯，加入冰塊搖盪均勻

‧雙重過濾濾掉冰塊，將酒液倒入已冰鎮的葡萄酒杯

‧噴附柳橙皮油，投入皮捲作為裝飾

057 | 明明是40%的烈酒，
為什麼美國人標示為80呢？

蘭姆酒有一種被稱為151的類型，它是酒精濃度高達75.5%的高強度蘭姆酒，酒標通常會標示為151 Proof，這個Proof是什麼意思？

我們最熟悉的酒精濃度標示稱為ABV（Alcohol by volume），指的是在20℃時，**每100ml酒精液體中含有多少ml的純乙醇**，以40%的烈酒為例，每「攝取」100ml，等於喝下40ml的純乙醇。

ABV是一個國際標準的酒精濃度標示，但美國除了ABV，還會標示**標準酒度（Alcoholic Proof）**，這個已經逐漸被各國捨棄的標示，其實源自度量酒精濃度的古老標準。

Proof指的是「證明」，16世紀的英國買賣東西，可以秤重、量體積、算數量，但買賣酒呢？從外觀根本看不出來酒精含量有多高，你會不會偷摻水賣我？同樣一瓶酒，裡面有多少酒精要如何證明？Show Me The Proof！

電影裡毒販試毒，只要有張信用卡跟鈔票就能做出「這批很純」的結論；描寫禁酒令時期的電影，私酒商只要點火燒酒觀察焰色就能知道濃度（我是不相信啦）。然而，在無法精確測量酒精濃度的16世紀，燒不燒得起來確實是個堪用的判斷標準，也是當時對烈酒課稅的一個方式。

平常喝到稀釋酒就算了，出航打仗可不能開玩笑。英國皇家海軍的軍餉包含固定配發的蘭姆酒，為了證明酒沒有偷工減料，他們會將火藥粒浸泡在酒液中，如果火藥還是可以燃燒代表通過證明，而那個燃燒的臨界點就被稱為100 Proof，燒火藥的方式不像直接燒酒很受環境溫度影響，準確度略為提高。

為什麼需要特定濃度的烈酒呢？高濃度可以減少體積空間，但濃度太高又容易爆炸很危險。以前的艦砲是用引信與火藥點燃，難道遇到下雨就大家洗洗睡不打仗了嗎？高濃度的酒除了飲用，更是開戰時引信被浸濕的救星。

隨著比重計發明，度量酒精濃度越來越精確，現在我們已經知道100 Proof換算成ABV就是57.15%，所以**海軍強度琴酒**（Navy Strength）或蘭姆酒（有些品牌標示為Gunpowder Proof）的濃度設定為57%，就是為了紀念這段歷史[1]，1952年英國政府更將這個換算方式立法標準化。

但這個換算方式對數學不好的醉漢來說有點吃力，如果是100 Proof還好，看到87 Proof要換算成ABV，我應該會直接選擇死亡。其實，ABV乘以1.75就是Proof，Proof乘以七分之四就是ABV……啊數學不會就是不會啦！

1848年，美國政府為了~~解決國民數學太差~~簡化度量方式，宣布Proof就是ABV的兩倍，並以100 Proof為標準課稅；比100高的往上課，比100低的往下課。後來世界各國陸續放棄Proof標示，到了1980年連發源地英國也放棄了，全歐盟一起改用ABV標示，現在只剩美國政府在那邊撐，多此一舉在酒標上同時標示ABV與Proof。

有趣的是，你會發現Proof的標示只限於烈酒，像是啤酒、葡萄酒等低濃度的酒只會標示ABV，Proof是專屬於烈酒的榮耀與「證明」。

NOTE ☞ 止痛藥

位於波多黎各以東、英屬維京群島的約斯特范代克島（Jost Van Dyke），是一個人口只有數百人的小島，它是加勒比海知名的度假勝地，也是經典調酒止痛藥的誕生地。

島上在開發初期並沒有碼頭，想到這裡的人必須搭船到附近，然後跳船自行游泳到島上，在那個還沒有行動支付的年代，一上岸口袋中的錢都濕答答的，在岸上等著你的，就是一間名為**Soggy Dollar**（溼溼的錢）的知名酒吧。

1970年代，酒吧老闆達芙尼·亨德森（Daphne Henderson）創作出止痛藥，因為它實在是太好喝了，來自世界各地的遊客冒著溺水的風險也要喝到這杯酒。查爾斯·托比亞斯（Charles Tobias）也是常客之一，喝過很多次之後他決定自己嘗（ㄕㄢˊ）試（ㄓㄞˋ）止痛藥這杯酒，因為老闆對酒譜保密到家啦！

1. 真正的海軍琴酒濃度經考證應為54.5%，有些品牌發行的是54.5%的版本。

經過數次嘗試，托比亞斯向老闆提出挑戰：「一切的謎底都解開了！我已經知道妳止痛藥的酒譜了！」於是他們打了個賭，讓現場所有客人盲測兩人的作品，沒想到山寨打贏正版，托比亞斯的作品大獲全勝！

1979年，托比亞斯獲得核准，以英國海軍之名發售名為Pusser's的蘭姆酒，Pusser's一詞源自Purser，指的是在船上負責發放蘭姆酒給阿兵哥的事務官。如果蘭姆酒能通過火藥的考驗，大家就會說「排ㄟ[1]，你揪感心！」如果燒不起來排ㄟ就有可能被丟到海裡，正所謂「燒得起過海、燒不起填海」大概就是這個意思。

後來托比亞斯甚至將止痛藥這杯酒註冊成商標──調這杯酒一定iPad我的Pusser's蘭姆酒，如果敢用其他蘭姆酒調止痛藥販售，我一定吉你吉到爆！但這裡是公海你管我用什麼牌子調？我和同事試過各種蘭姆酒調製止痛藥，最後決定使用Skipper這個品牌，讓這杯酒成為我們辦活動最受歡迎的熱帶雞尾酒之一。

如果不能到約斯特范代克島朝聖止痛藥，請在Youtube搜尋Soggy Dollar，第一個搜尋結果就是從酒吧面海的24H直播，在他們最High的時候調杯止痛藥一起喝，進行一個視訊渡假的動作吧！

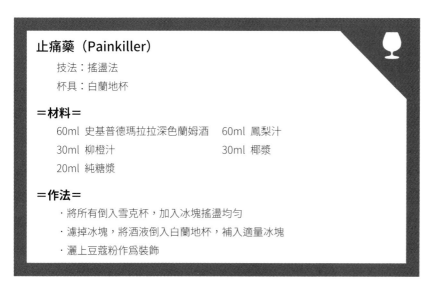

止痛藥（Painkiller）

技法：搖盪法

杯具：白蘭地杯

＝材料＝

60ml 史基普德瑪拉拉深色蘭姆酒　　60ml 鳳梨汁

30ml 柳橙汁　　30ml 椰漿

20ml 純糖漿

＝作法＝

・將所有倒入雪克杯，加入冰塊搖盪均勻

・濾掉冰塊，將酒液倒入白蘭地杯，補入適量冰塊

・灑上豆蔻粉作爲裝飾

1 編注：指軍營中的排長。

058 | 那種很像復活節島神像的杯子是什麼杯？

If you can't get to paradise, I'll bring it to you!（如果你不能去天堂，讓我將天堂帶給你）

　　這是傳奇調酒師**唐・比奇**（Donn Beach）的名言，唐出生於1907年，年輕時長期往返加勒比海諸國，後來又到南太平洋群島居住，早年就對島嶼的生活文化相當熟悉，奠定他往後以此為基礎設計的酒吧裝潢風格。

　　禁酒令結束後，美國還在從經濟大蕭條的摧殘中復甦，唐選擇這個時候在好萊塢開了一間名為海灘巨浪（Don's Beachcomber）的酒吧，店裡面陳設著他周遊列國撿回來的珍奇異寶，特殊的風格讓很多當時的好萊塢影星都成為坐上賓，生意興隆不久就搬到對街開了一間更大餐酒館，名為Don The Beachcomber。

　　一般來說，很多店家的名稱是用老闆的名字命名，但超狂的唐反其道而行，將自己的名字改為店名（他的本名是Ernest Raymond Beaumont Gantt，會不會改太大）。他用鮮艷的布織品、漁網、釣具、藤編、花圈、竹製品、漂浮木、熱帶植物裝潢店面，讓店裡洋溢著滿滿的南洋氛圍。

　　唐的巧思不止於此，他還在門口養八哥鳥讓牠對客人說話：「給我啤酒！你這個笨蛋！」屋頂的夾層是一大片鐵片，上面裝有自動灑水系統，讓客人誤以為現在正在下雨（只好坐下來再點一杯）。

　　唐試圖模仿的到底是什麼文化呢？其實是太平洋三大群島文化中的玻里尼西亞（Polynesia）文化，這個呈三角形分布的群島，三個端點分別是北側的夏威夷、西側的紐西蘭與東側的復活節島（就是《博物館驚魂夜》裡面那個Dum Dum摩艾像的地方）。

　　在毛利人的神話中，Tiki是第一個誕生的人類，在玻里尼西亞群島的其他地區也有類似的故事起源或名稱，是一種共同的信仰。而以Tiki人形的木雕或石雕

為創作靈感來源的杯子，就被稱為Tiki杯[1]。

由唐所帶起的風潮稱為Tiki Culture，這種類型的雞尾酒則被稱為Tiki Drinks，現在我們通常稱為提基調酒，以Tiki為主題的酒吧則稱為Tiki Bar。但這種文化其實是唐與其他模仿同業重新「包裝」後創造的形象，讓當時出國沒那麼容易的美國人，只要花一點錢就能夠體驗偽出國的感覺。事實上，玻里尼西亞有這麼多國家、這麼多文化，當地人吃的喝的用的，真的是餐廳裡供應的那些東西嗎？

當然不是，唐提供給客人的食物其實是中國粵菜！店裡經典的Pu Pu Platter（一種綜合烤物與炸物的開胃菜拼盤，中間有小爐火可以再次加熱）也是改良過的美式中菜。還有，提基調酒的基酒——蘭姆酒也是加勒比海的產物，跟南太平洋有什麼關係？

認真考證你就輸了，讓客人有愉快的體驗才是真的，就像唐的名言：「如果你不能去天堂，讓我將天堂帶給你。」唐的餐廳在二戰後發展得更為迅速，全盛時期在全美有數十間分店，可惜後來隨著Tiki熱潮退去陸續歇業。目前以Don The Beachcomber為名持續經營的餐酒館，位於美國夏威夷州的Kailua-Kona，如果將來有機會到夏威夷旅遊，到這裡坐坐來杯邁泰吧！

NOTE ☞ 邁泰

雖然唐可說是Tiki Culture的鼻祖，也創作了許多經典的提基調酒，但邁泰的創作者很有可能是他的好友兼競爭對手——維克多·朱柏杰隆（Victor Jules Bergeron, Jr.）、暱稱為維克商人（Trader Vic）的調酒師，1970年代維克多通過訴訟，多年後終於得到法院認證。

據維克多所述，1944年的某個晚上，他為兩位客人以J. Wray Nephew這款17年蘭姆酒調製特調，其中一位喝完激動大喊「Mai Tai-Roa Ae！」這是大溪地語，其意為「太好喝啦，我以後喝不到怎麼辦！」的讚嘆，於是維克多決定以Mai Tai命名這杯酒，以下酒譜就是改編自他的版本。

---

1. 根據歷史圖片與酒單，唐在調製Tiki雞尾酒時用的仍為一般的玻璃杯，搭配水果、花朵等其他裝飾物。以神像為造型的陶瓷雞尾酒杯，約略到了1960年代才誕生，現在除了陶瓷材質，也有玻璃、木頭或塑料材質的選擇。

NOTE 👉 Tiki Bar 的興衰

Tiki Bar興起於三〇年代，沒落於六〇年代，歷經三十年的風光後，在20世紀末又悄悄興起，全盛時期在臺北的民生商圈也開了維克商人的分店，可惜最後仍於2011年熄燈歇業。

提到歷史悠久且持續營業至今的Tiki Bar，莫過於位在舊金山的**東加廳與颶風吧**（Tonga Room & Hurricane Bar），酒吧創立於1945年，原本的空間是飯店的游泳池，游泳池被改成一個小湖，湖中有艘會移動的小船，上面還有樂團駐唱。

每過一段時間，酒吧就會出現人工雨、聲光效果模擬打雷，搭配原住民風格裝潢與音樂，在這種環境下享用食物與雞尾酒，讓人彷彿置身於南島之境，短暫忘卻世俗的壓力。

其實Tiki Bar賣的是美國人對於南太平洋群島的想像，真實的南太平洋才不會有這些所謂的「異國」食物與雞尾酒哩！這讓我想到臺灣的原住民文化，稍微包裝一下，或許能滿足都市人的想像：在半山腰開間十六族主題餐酒館、以小米酒為基酒的創意調酒，再搭配偽・原住民料理與裝潢……據考古學家的研究，玻里尼西亞的移民可能源於臺灣，身為發源地的我們不作業一下嗎？

邁泰（Mai-Tai）

技法：搖盪法
杯具：Tiki 杯

＝材料＝

60ml	瑞特 XO 蘭姆酒	20ml	柑曼怡
15ml	Monin 杏仁糖漿	2tsp	檸檬汁
2tsp	柳橙汁	1dash	安格式柑橘苦精
1dash	安格式芳香苦精	適量	牙買加蘭姆酒或陳年蘭姆酒

＝作法＝

· 將前五種材料倒入雪克杯，加入冰塊搖晃均勻
· 濾掉冰塊，將酒液倒入裝滿碎冰的 Tiki 杯中
· 表面漂浮牙買加蘭姆酒或陳年蘭姆酒，香料蘭姆酒也行
· 以鳳梨角、鳳梨葉、櫻桃與小雨傘作為裝飾

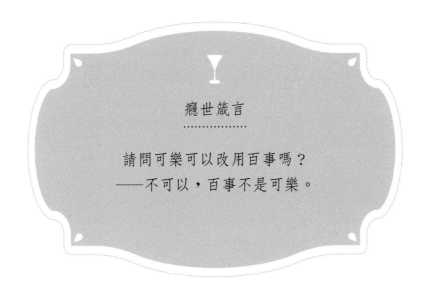

癮世箴言

請問可樂可以改用百事嗎？
──不可以，百事不是可樂。

癮世箴言
·················

我想要喝熱的調酒。
——好的，請稍候。（轉身拉拉鍊）

第五章

哈拉雞尾酒

什麼場合、什麼時間，要喝什麼酒？為什麼這杯酒的名字這麼特別？本章收錄了幾杯看到名字就會讓人想問故事的經典雞尾酒，如果您對自己創作的雞尾酒有興趣，看完這章說不定會有意想不到的命名靈感唷～

亞普羅之霧

059 | 早餐可以喝什麼酒？

早餐酒，我第一個想到的是以香檳與柳橙汁調製的**含羞草**（Mimosa）。

1921年，倫敦的霸克（Buck's）俱樂部在店裡提供一杯名為霸克費士（Buck's Fizz）的調酒，它是以兩份香檳加上一份柳橙汁調製而成。四年後，法國麗茲飯店的調酒師法蘭克・邁耶爾（Frank Meier）用1：1的比例調製香檳與柳橙汁，以含羞草為名在飯店內供應。此外，他也在自己的著作中收錄這杯酒，被認為是含羞草的創作者。

含羞草飲用時通常會加冰塊，讓這杯酒的濃度甚至比啤酒還低，也因此在早上喝也無傷大雅；即使被阿母發現，你還可以說是在喝「氣泡葡萄汁＋柳橙汁」。但是對重型醉漢來說，這樣的酒精濃度實在是太廢ㄌ。

有一杯比較濃，而且直接以早餐命名的酒——早餐馬丁尼（Breakfast Martini），它的創作者是倫敦知名調酒師薩爾瓦多・卡拉布雷斯（Salvatore Calabrese），長久以來他習慣不吃早餐只喝咖啡。直到1996年的某個早上，太太終於看不下去，強迫他坐下來吃點果醬土司補充體力。

卡拉布雷斯咬了一口果醬麵包（正確來說是苦橙果醬），叮咚叮咚音效出現：「ㄐ……ㄐ個味道好像可以拿來做調酒！」就這樣，一個不吃早餐的人，發明了一杯最有名、最經典的早餐調酒。

仔細看早餐馬丁尼的酒譜，會發現它像是在白色佳人中加入果醬，雖然卡拉布雷斯不是第一個加果醬調酒的人（1930年哈利・克拉多克［Harry Craddock］所著的《薩伏伊調酒大全》［*The Savoy Cocktail Book*］就曾收錄過類似調酒），但確實是他成功加以推廣，讓更多的固形物進入雞尾酒的世界。

君度橙酒是一種有果皮香味，沒有果肉果汁口感的香甜酒，早餐馬丁尼似乎就是用果醬把「失去」的這一部分補回，讓整杯酒的風味更為飽滿。搭配裝飾的

烤土司，早餐喝這杯好像還蠻健康的哩！

　　其實我也是個不吃早餐的人，但是早餐馬丁尼，我可以。

早餐馬丁尼（Breakfast Martini）

技法：搖盪法

杯具：馬丁尼杯

＝材料＝

60ml 琴酒　　　　　　　15ml 君度橙酒

15ml 檸檬汁　　　　　　1tsp 柑橘果醬

＝作法＝

· 雪克杯倒入所有材料，用吧匙將果醬攪拌至溶解

· 加入冰塊搖盪均勻，濾冰倒入馬丁尼杯中

· 以烤土司角作爲裝飾，迎接美好的一天

---

060 | 下午茶要喝什麼酒？

早餐酒喝含羞草跟早餐馬丁尼，那下午茶要喝什麼酒呢？

現代人講到吃生蠔，感覺是一件很奢侈的享受——還要搭個頂級香檳或伏特加，慵懶地躺在海邊吃這樣，但在18世紀時，歐洲人基本上是把生蠔當蛤仔在吃，並不是什麼高級的食材。《冰與火之歌》裡，最後殺死大魔王的艾莉亞·史塔克（Arya Stark），在劇中就曾推著生蠔車沿路叫賣。

因為吃生蠔通常會喝酒，那……為什麼不把酒與生蠔搭著一起賣呢？18世紀開始出現一種賣酒兼賣生蠔的生蠔吧（Oyster Bar），到了19世紀初期，生蠔吧已經相當普及於歐洲。詹姆斯·皮姆（James Pimm）也在1823年開了一間，他在店裡以杜松子酒為基底，加入各種神秘配方調製一杯用小錫杯裝盛、命名為**第一之杯**（No.1 Cup）的調酒，號稱搭配生蠔服用可以幫助消化強身健體。這樣看來，皮姆可能是最早設計雞尾酒搭餐的調酒師啊！

第一之杯大受歡迎，讓皮姆在各個地方開起生蠔吧分店，1859年他利用自行車小販（養樂多車的概念）將這杯酒從店裡賣到店外。這樣看來，皮姆可能也是最早經營外帶調酒的調酒師啊！

後來皮姆將公司與商標出售，到了1865年，世界首瓶以Pimm's No.1 Cup為名的瓶裝酒上市了！1880年，未來的倫敦市長霍雷肖·戴維斯（Horatio Davies）將相關權利買下。戴維斯是政治人物也是餐飲業者，在他所接觸的團體努力推廣皮姆一號[1]，並將這瓶酒銷售到全世界，成為在英國無人不知曉的酒類品牌。

1970年代皮姆銷售量開始下滑，其他號次也宣告停產只剩一號苦撐。2003年皮姆整裝再出發，不追求現代的時尚感，反而以自己的老派過時為賣點，請喜劇演員以自嘲的方式行銷（一個與現實脫節的傲慢紳士），意外的獲得廣大迴響，讓皮姆得以重新回到消費者的杯中。

---

1. 1935年開始，皮姆陸續推出以不同烈酒為基底的版本——二號是蘇格蘭威士忌、三號是白蘭地、四號是蘭姆酒、五號是裸麥威士忌、六號是伏特加。目前三號被加上Pimm's Winter Cup字樣重新生產，六號於2015年恢復生產，但臺灣現在只剩一號比較好找。

「It's Pimm's O'Clock！」就是這系列廣告的Slogan，無論你是誰、在做什麼，時間到了就是要來杯皮姆，哪怕是正在與警方對峙的銀行搶匪，雙方都坐下來度過這美好的午後時光！

NOTE ☞ 皮姆之杯

在英國，皮姆已經不只是一瓶開胃酒，周邊商品甚至有果醬、冰棒、各種口味的罐裝調酒、氣泡酒、香甜酒……雖然皮姆這麼威，但意外的是，它在臺灣的銷售量並不是很大。我們門市買皮姆的客人大概有三種：留英過、被我們推坑，還有網球Fan。

皮姆一號是溫布頓網球錦標賽的官方指定飲品。根據2016年的統計數據，兩個禮拜的賽程中，以不同形式賣掉的皮姆調酒高達28萬杯，如果你也是網球Fan，下次觀賽時別喝啤酒了，用皮姆之杯跟現場同樂吧！

如果懶得準備各種蔬果，其實只要有皮姆一號與軟性飲料即可——檸檬汁、檸檬汽水、通寧水、薑汁汽水都很搭，它的酒精度只有25%，經過稀釋後不太容易喝醉，很適合夏日午後與三五好友來上一杯（缸）。蛤，你說這麼稀這麼廢喝這個傳出去的話要怎麼做人？呃……既然皮姆是以琴酒為基底，那再加上一些琴酒，應該不算太過分吧？

皮姆之杯（Pimm's Cup）

技法：直調法
杯具：長飲杯

＝材料＝

60ml 皮姆一號　　　　　　15ml 檸檬汁
適量 薑汁汽水　　　　　　你喜歡的各種蔬果切片

＝作法＝

· 杯中倒入皮姆一號與檸檬汁
· 交替放入碎冰與蔬果切片，層層堆疊*
· 倒滿薑汁汽水，以薄荷葉作為裝飾

＊層層堆疊的方式雖然好看，但蔬果味道不易進入酒液，飲用時也不易取出食用其實就是中看不中喝，因此有些作法會將材料搗碎，或將酒與材料一起搖盪，萃出味道後再以過濾。另一種方式是做成潘趣（Punch），先讓材料預泡在酒中，要喝的時候再一杯一杯連酒帶材料分裝，分裝完再加入冰塊與軟性飲料。

061 | 解宿醉可以喝什麼酒？

　　先聲明，解宿醉有很多方法，最好的是喝水多休息，最爛的就是再喝酒，但真的還蠻多人會用喝酒解宿醉，還給了它「回魂酒」的美名，也十分相信要有效還要有特殊喝法，像是要喝溫啤酒、套茶喝等……為了健康著想，不要再相信沒有根據的說法啦！

　　如果一定要喝酒解宿醉，有什麼好選擇呢？以製造番茄汁聞名的可果美公司，2009年與朝日（Asahi）公司合作進行一項實驗，發現番茄可以促進老鼠對酒精跟乙醛（造成宿醉症狀的主要物質）的代謝。人體實驗也發現，番茄汁能縮短醒酒時間，似乎間接證實了歪果仁飲用番茄汁（或番茄汁調酒）解宿醉的習慣。

　　說到番茄汁調酒，大家應該都會想到口感近似番茄冷湯的**血腥瑪麗**吧？但這杯口味特殊的調酒並不是所有人都能接受，加上要調到五味（酸甜苦鹹鮮）俱全要準備蠻多材料，不如試試看好喝又好調的**紅眼**（Red Eyes）！

　　電影《雞尾酒》有一幕，由湯姆‧克魯斯飾演的男主角走進打烊中的酒吧，告訴老闆自己正在找工作，老闆劈頭就拿手邊正在調的酒問他：「你有經驗嗎？你會調這杯紅眼嗎？」一邊問還一邊示範如何調製：

> 拿個大杯子，開一瓶玻璃瓶啤酒倒插入內，等到液面內外相同、啤酒不再流出，快速把啤酒瓶抽出來，然後尻掉它，一邊尻一邊在杯中倒入番茄汁，接著投入幾顆阿司匹靈、再打個全蛋進去，就完成啦！

　　當然不能這樣出調酒給客人，這是「醉漢沒有明天」的喝法。其實這杯酒最簡單的調法就只要「啤酒＋番茄汁」，覺得不夠力有些人會補伏特加，覺得喝生蛋不OK就省略這項材料，如果有餘力就做個鹽口杯這樣（喝酒千萬別配藥啊）。

　　說到番茄汁調酒，有一杯臺灣人可能較少聽過、但很流行於中南美洲（尤其

是墨西哥）的國民調酒，名為米奇拉達（Micheladas），它就像把血腥瑪麗的伏特加換成啤酒，近年來已經開始在美國流行，連迪士尼樂園的攤位都有供應唷！

米奇拉達（Micheladas）

技法：直調法

杯具：啤酒杯（500ml 以上）

＝材料＝

1 瓶　可樂娜啤酒

15ml　檸檬汁

適量　塔巴斯科辣椒醬

60ml　番茄汁 *

適量　梅林辣醬油

適量　Tajin **

＝作法＝

· 製作 Tajin 粉口杯

· 將啤酒以外的液體材料倒入杯中，攪拌均勻

· 加入冰塊，補滿啤酒，稍加攪拌

· 以檸檬角作為裝飾

*有許多酒譜是用一種名為Clamato的蛤蜊番茄汁，找得到的話不妨試試。

**Tajin是一種墨西哥常見的調味料，如果買不到可以用鹽、辣椒粉或其他墨西哥香料代替。

062 社交場合喝什麼雞尾酒最好？

如果去過義大利的街頭，一定會對他們大白天就在路邊開始喝、一杯橘色帶有氣泡、還有水果切片作為裝飾的雞尾酒感到印象深刻。到底是什麼雞尾酒這麼好喝，搞得人手一杯、開開心心地聊上好幾個小時？

這杯酒是**亞普羅之霧**（Aperol Spritz）。亞普羅指的是一種義大利開胃酒，Spiritz源自德文，意指「噴水」，所以這杯酒的名字意思是「對亞普羅噴水」，也就是套水喝、就像日本人說的「水割」啦！

Spritz這種喝法起源於義大利北部的威尼托大區，這裡在19世紀末期是奧地利帝國的領土，在此區的奧地利士兵由於喝不習慣當地葡萄酒的酒精濃度，會要求用水稀釋到接近他們慣飲的酒——啤酒的酒精濃度。

1912年，義大利帕多瓦的Barbieri家兄弟路易吉（Luigi）與西爾維奧（Silvio）從父親手中接下酒廠。經歷七年的研發，終於在1919年帕多瓦國際博覽會推出**亞普羅開胃酒**一炮而紅。到了1930年代，亞普羅用能維持身材與健康為訴求，以女性與運動人士為主要銷售目標。

1950年代，亞普羅之霧誕生，它微甜、微苦、帶有氣泡的口感，很適合當成飯前開胃酒搭配點心飲用。它的酒精濃度不高，即使是當白天的提神飲品、三五好友閒聊時喝一兩杯都不會有酒醉的壓力。1960年代亞普羅推出首支電視廣告，成為義大利酒代表品牌之一，到了1980年代這杯酒已經開始普及於國際。

但是真正讓亞普羅之霧登上高峰的，是2003年亞普羅被肯巴利集團收購後的行銷，廣告詞「Aperol Spritz, Happy Together」（亞普羅之霧，一起咖勳！）主打社交場合最佳飲品，廣告中歡樂氣氛搭配海龜樂團經典名曲〈Happy Together〉作為配樂，讓人印象深刻。2011年，集團推出罐裝即飲的亞普羅之霧，讓消費者開瓶就能喝，調都不用調！

2019年亞普羅歡樂迎接百歲生日，該年國際飲品協會（Drinks International）調查訪問38個國家、127間知名酒吧的調酒師，請他們選出店裡賣最好的10杯經典雞尾酒並加以排名，亞普羅之霧排名第9，雖然隔年排名下降1位（被你我都喜歡的莫希托擠下），但這杯的經典地位已毋庸置疑。

2020年8月13日，適逢國際波西可日（National Prosecco Day），亞普羅為了讓更多人能在家調出「完美的」亞普羅之霧，由身兼亞普羅大使的調酒師Paolo Tonellotto推出Aperol Spritz-O-Meter色卡。他認為這杯酒好喝的關鍵在於亞普羅與波西可的比例，不同比例會有不同成色，完美的亞普羅之霧應該呈現該色卡最右下角的色澤——鮮橘色，此時亞普羅的苦甜口感與波西可新鮮的柑橘香氣會達成完美平衡。

只要事先告知飲用者這杯酒有些微苦味，亞普羅之霧在我的經驗裡是被打槍率極低的雞尾酒，即使喝的較慢、冰塊溶解溫度升高仍相當耐喝，最強社交場合飲品確實當之無愧啊。

亞普羅之霧（Aperol Spritz）

技法：直調法

杯具：葡萄酒杯

＝材料＝

80ml 亞普羅利口酒　　　　120ml 波西可氣泡酒

40ml 蘇打水

＝作法＝

· 葡萄酒杯中放入適量冰塊

· 依序倒入三種材料，稍加拉提冰塊混合材料

· 投入炙燒柳橙片或葡萄柚片作為裝飾

* 亞普羅有點像Light版的肯巴利苦酒，苦味與酒精濃度都比較低，但如果真的不太能吃苦喝濃，建議亞普羅用量改為40~60ml之間。

063 | 哪些雞尾酒賣最好？

　　知名酒類網站Drinks International每年都會進行調查，訪問全球百大最佳酒吧，請他們選出店裡賣最好的雞尾酒，並依序排出每年的前50名。雖然此數據多半取自外國酒吧，但還是參考看看啦！

2021年銷售排行榜前10名

第十名：**莫希托**

第九名：**亞普羅之霧**

第八名：**曼哈頓**

第七名：**威士忌酸酒**（Whisky Sour）

第六名：**咖啡馬丁尼**（Espresso Martini）

第五名：**瑪格麗特**

第四名：**辛口馬丁尼**

第三名：**黛綺莉**

第二名：**內格羅尼**

第一名：**古典雞尾酒**

　　順帶一提，前50名中還有三杯是誕生於二十年內的現代經典，它們分別是第14名的盤尼西林、第33名的脫星馬丁尼與第48名的琴琴騾子。

NOTE ☞ 湯米的瑪格麗特

湯米的瑪格麗特誕生於1987年，創作者是胡立歐・貝梅霍（Julio Bermejo），他在13~14歲時就開始喝酒（孩子的學習不能等？）喝著喝著發現很多酒都會讓他宿醉，唯獨龍舌蘭不會，天生的龍舌蘭練武奇才就決定是你了！

這杯酒的名字來自胡立歐父母位於舊金山的餐廳——Tommy's Mexican Restaurant，他在這裡工作時，將店內的Mixto Tequila（藍色龍舌蘭含量僅達法定標準）換成100%純的馬蹄鐵龍舌蘭，雖然成本大幅提高，但帶來的美味卻讓他覺得相當值得。

這樣還不夠，他將瑪格麗特用的橙酒，換成龍舌蘭糖漿（Agave syrup）。這種以龍舌蘭屬作物為原料的糖漿價格偏高，在臺灣也不太好買，但因為它具有低GI值（升糖指數）的特性，有些人會將它視為比較健康的糖類選擇。除了使用100%龍舌蘭與龍舌蘭糖漿，他偏好加冰飲用這杯酒，認為鹽口杯並非必要（我也覺得好喝的龍舌蘭，加鹽喝其實有點可惜）。

胡立歐在接受記者訪問時，表示用龍舌蘭糖漿調這杯以龍舌蘭為基底的雞尾酒再合理也不過（本是同根生），而且口感細緻不含酒精，更能讓人享受龍舌蘭的風味，不會受到橙味影響。

湯米的瑪格麗特在2021年銷售排行榜排名38，雖然在臺灣酒單的能見度不高，但早已奠定現代經典的地位。胡立歐本人致力推廣龍舌蘭，2003年時，他被墨西哥哈利斯科州（龍舌蘭最知名的產區）州長以及墨西哥龍舌蘭工業協會推舉，成為龍舌蘭在美國的推廣大使。

湯米的瑪格麗特（Tommy's Margarita）

　　技法：搖盪法

　　杯具：古典杯

＝材料＝

　　60ml 龍舌蘭　　　　　　　30ml 檸檬汁

　　15ml 龍舌蘭糖漿

＝作法＝

　　・將所有材料倒入雪克杯，加入冰塊搖盪均勻

　　・將酒液濾冰倒入古典杯，放一顆大冰

　　・以檸檬片作爲裝飾

064 | 網路熱搜第一名的雞尾酒是哪杯？

2021年，內衣與泳衣品牌Pour Moi調查Google搜尋雞尾酒的數據[1]，發布年度十大熱搜排行榜的雞尾酒，第一名是在臺灣知名度相對較低的脫星馬丁尼。八〇年代曾經流行許多類似帶有性暗示酒名的雞尾酒，但脫星馬丁尼卻是誕生於2002年、精緻的現代經典雞尾酒。

脫星馬丁尼的創作者是道格拉斯・安卡拉（Douglas Ankrah），他本身是酒吧的老闆，也培育出許多的調酒師，在業界相當知名。2002年，他在設計酒單時將這杯調酒放入，因為名字讓人記憶深刻又好喝，很快的成為現代經典雞尾酒之一，大受歡迎的脫星馬丁尼在2017年甚至發行了瓶裝版。但這個名字擺在超市，如果被小孩問起，我要怎麼教小孩？於是瓶裝版改以「熱情之星馬丁尼」（Passion Star Martini）販售。

據創作者表示，他是在南非開普敦的成人俱樂部誕生這杯酒的構想，原本想命名為Maverick Martini（Maverick是該俱樂部的名字），後來才決定改成脫星馬丁尼（不曉得是不是因為Maverick的主打是脫衣舞秀？）前幾年他接受訪問時表示，自己其實不看謎片，也不認識什麼演員（記者當時不知道有沒有翻白眼），會這樣取名是因為覺得這杯酒感覺就是謎片演員會喝的東西。

那這杯酒為什麼會成為熱搜第一名呢？我覺得Google自動完成（的預測字串）應該功勞不少。有太多人想搜尋Porn Star，輸入完後面自動跳出Martini，想看看這個演員馬丁尼到底長怎樣，一時不察點了下去，原本預期看到滿滿的Porn Star，結果跳出一堆Passion Fruit（我褲子都脫了你給我看百香果？）就這樣讓這杯酒搭著順風車，成為雞尾酒搜尋的No.1。

這份報告還列出不同國家、世界五大洲的網友最常搜尋的雞尾酒，有興趣的話搜尋「The World's Most Searched For Cocktails」，就能看到這些結果囉！

---

1. 根據不同的國家選擇、取樣時間、計算方式與關鍵字判定，不是每個單位調查結果都一樣，如本報告就未列入臺灣的數據。

根據該調查報告，最常被搜尋的前十名調酒分別是：

第十名：**莫希托**，被搜尋280萬次

第九名：**黛綺莉**，被搜尋380萬次

第八名：**卡琵莉亞**（Caipirinha），被搜尋430萬次

第七名：**長島冰茶**，被搜尋440萬次

第六名：**咖啡馬丁尼**，被搜尋550萬次

第五名：**內格羅尼**，被搜尋690萬次

第四名：**桑格莉亞**，被搜尋760萬次

第三名：**亞普羅之霧**，被搜尋820萬次

第二名：**鳳梨可樂達**，被搜尋1,050萬次

第一名：**脫星馬丁尼**，被搜尋1,840萬次

本書有收錄第一名與第三名的調酒，其他八杯的酒譜與故事分別收錄於《癮型人的調酒世界》一書：鳳梨可樂達（P.268）、桑格莉亞（P.298）、內格羅尼（P.112）、咖啡馬丁尼（P.184）、長島冰茶（P.342）、卡琵莉亞（P.286）、黛綺莉（P.60）、莫希托（P.252）。

脫星馬丁尼

　　技法：搖盪法

　　杯具：淺碟香檳杯、笛型香檳杯

＝材料＝

　　60ml 香草伏特加　　　　15ml 百香果香甜酒

　　10ml 香草糖漿　　　　　1tsp 檸檬汁

　　2 顆　百香果

＝作法＝

　　· 將百香果切下一部分，上面放少許百香果肉

　　· 將剩下的百香果果肉挖出，倒入雪克杯

　　· 倒入其他材料，加入 3~4 顆小冰塊，搖盪約 30 秒

　　· 挑出冰塊（如已融化就不用），將酒液倒入淺碟香檳杯

　　· 酒杯放入一顆冰塊，將果雕漂浮於酒液表面

　　· 在果雕上滴些香草苦精，能讓香氣更加豐富

　　· 另外附上一杯波西可氣泡酒，Cheers！

*百香果酸甜程度起伏大，建議搖盪前先試一下味道，再酌量增加糖漿或檸檬汁。因為用太多冰塊會讓果肉難以倒出，用小冰塊搖盪後取出能保留最多的果肉。

065 | 最多只能點兩杯的雞尾酒？

　　殭屍（Zombie）是傳奇調酒師唐・比奇的另一個代表作品，這杯酒除了一般提基調酒有的熱帶水果風味，還多了藥草與香料的味道，讓層次更加豐富。殭屍的蘭姆酒像加不用錢一樣，4 oz（120ml）的蘭姆酒中還有1 oz是酒精度高達75.5%的151蘭姆酒，酒量不好喝完可能會上演真人版《惡靈古堡》。

　　殭屍－起源（好像電影的片名）是這樣的：有個宿醉的客人請唐調製一杯能提神醒腦的「飲料」，因為他待會要進行一個重要會議。三天後，客人回來問唐那時候到底給他喝了什麼鬼，讓他在會議中呈現一個上司看你像喪屍的狀態，這杯酒因此得名。曾有一個常客在店內喝了三杯殭屍，之後就沒有同事看過他……所以唐限制他的客人最多只能喝兩杯，是杯你敢點我還不敢出的魔王雞尾酒！

　　1939年，殭屍在紐約世界展覽會登場，讓這杯酒的人氣再創新高，許多唐的競爭店家開始爭相仿效，甚至從他店裡挖角調酒師，試圖調出原味殭屍。但唐對酒譜保密到家，一般酒譜會寫某某材料放多少（例如蘭姆酒45ml），唐則是把材料以編碼與預調的方式製作，調酒師只會看到4號材料放多少、1號材料怎麼加，但幾號材料是什麼、裡面有什麼，只有唐與他信任的人知道。

　　殭屍的原始酒譜始終成謎，為了避免被抄襲，就連唐本人也不斷改變其配方。2007年，有「提基調酒界的印地安納瓊斯」之稱的學者傑夫・貝瑞（Jeff Berry），出版了《啜飲之旅》（*Sippin' Safari*）一書，宣稱找到1934年最原始的殭屍配方。

　　書中提到最早的殭屍可能命名為殭屍潘趣（Zombie Punch），傑夫取得在1930年代於Beachcomber（唐的店家）服務的調酒師、名為迪克・聖地牙哥（Dick Santiago）的筆記本，裡面列出了初代的殭屍酒譜：

3/4 oz的萊姆汁，1/2oz的費勒南香甜酒，1又1/2的金色波多黎各蘭姆酒，1又1/2的金色或深色牙買加蘭姆酒，1oz的151高強度德瑪拉拉蘭姆酒，1tsp紅石榴糖漿，6 drop的佩諾茴香酒，1dash的安格式芳香苦精，還有1/2oz的「唐汁」（Don's mix，以2：1的比例混合葡萄柚汁與肉桂糖漿）。將以上材料倒入果汁機，加入6 oz的冰塊以高速打勻（不超過5秒），倒入長飲杯並補入適量冰塊，以薄荷葉作為裝飾。

其實不難想像為什麼唐要這樣調酒，從材料來看無酒精成分比例很低（萊姆汁、紅石榴糖漿與唐汁），如果考量151的濃度，以及少量的費勒南香甜酒，整杯的烈酒量絕對會超過150ml！先讓酒與冰塊打成液狀（冰塊量太少無法形成霜凍），再加入冰塊飲用負擔就不會太大。

NOTE ☞ 費勒南香甜酒

提基調酒經常會用到費勒南香甜酒（Falernum Liqueur），不妨把他想像成Tiki界的君度好了，少量使用可以修味道、讓成品層次更豐富。費勒南起源於18世紀西印度群島的巴貝多，這裡在大航海時代是個製糖重鎮，由於蘭姆酒是使用製糖產業的副產物——甘蔗糖蜜製作，生產糖也生產蘭姆酒是很合理的，費勒南香甜酒就是結合糖與蘭姆酒的產物。

最早的費勒南香甜酒酒精濃度很低，可能只有讓液體不至於腐敗的程度，是一種可以歡樂即飲的Punch酒，除了糖與酒，還會加入酸味果汁與香料。到了19世紀，開始有用費勒南香甜酒調酒的紀錄，現在提到費勒南香甜酒（或糖漿），會描述它有丁香、杏仁、薑、香草、肉豆蔻與肉桂等材料或香氣。

以前如果想用費勒南香甜酒來調酒，只能自己DIY，有些作法實在太搞剛弄到火都熄了。還好，現在臺灣已經有進口瓶裝品項，如果想調製更多提基調酒，或讓成品有更多變化一定要入手一瓶啊！

殭屍（Zombie）

　　技法：搖盪法

　　杯具：Tiki 杯

＝材料＝

45ml 戈斯林 151 蘭姆酒　　　45ml 甘蔗之花 4 年蘭姆酒

10ml 苦精眞諦費勒南香甜酒　　1tsp 苦艾酒（或茴香酒）

30ml 鳳梨汁　　　　　　　　　20ml 檸檬汁

10ml 葡萄柚汁　　　　　　　　2tsp 紅石榴糖漿

1tsp 純糖漿

＝作法＝

・將所有材料倒入雪克杯，加入冰塊搖盪均勻

・將酒液倒入 Tiki 杯，補入適量冰塊

・以鳳梨角、糖漬櫻桃與鳳梨葉作爲裝飾

066 | 你的雞尾酒要加眼淚嗎？

咖啡師認為是咖啡，調酒師認為是調酒。你聽過愛爾蘭咖啡嗎？

有一位美麗的空姐，總是會在愛爾蘭航程的休息期間，在吧檯喝杯咖啡驅寒，欣賞當地優美的雪景，打發啟航前的空檔。吧檯裡，有位少年發現自己越來越期待空姐的到訪，這樣才能為她親手沖上一杯咖啡，一睹佳人的風采。

除了咖啡，少年也懂調酒，很希望她能試試自己精心設計的酒單，但她的選擇都是咖啡、從來都沒有點過雞尾酒。少年心想既然如此，那就調製一杯專屬於她、結合酒與咖啡的特調，傳達他那快壓抑不住的情愫。

不知道過了多久，菜單一角的愛爾蘭咖啡終於吸引到空姐注意……咖啡？雖然沒聽過那就點點看吧！當她點了這杯酒，少年一轉身眼淚就掉了下來，用顫抖的雙手完成調製，漫長的等待總算有機會獻上這心意之杯，少年內心的激動可想而知。

這杯酒，讓兩人有了互動的契機，每一次短暫的見面，兩人天南地北地聊著。她開始習慣坐在吧檯，喝著這杯愛爾蘭咖啡。可惜歡樂時光總是過得特別快，有一天，空姐告訴少年她要辭職回老家舊金山了。

當空姐回到舊金山，突然想起這杯愛爾蘭咖啡，發現走遍各咖啡廳都沒有人知道怎麼做，才驚覺這杯酒是少年為自己發明的特調。當她試著以少年的酒譜調製這杯酒，怎麼做都覺得欠了一味，或許那一味……就是少年的眼淚吧？

知道愛爾蘭咖啡的人不多，但是知道的大多聽過上面這個有食安疑慮的故事，可見當年痞子蔡的小說《愛爾蘭咖啡》有多紅，上面雖然是略有修改的版本，但大概就是個沒有結果的愛情故事。

愛爾蘭咖啡確實起源於愛爾蘭。20世紀中期，長途航程中飛行艇（水上飛

機）需要停下來加油，愛爾蘭西部的福因斯港（Foynes）在當時就扮演了加油站兼休息站的角色。根據福因斯飛行艇博物館的記述，在1943年的某個晚上，有一班從福因斯飛往紐約的航班因天候惡劣，機長決定折返並通知塔臺。

航站的廚師喬・謝里丹（Joe Sheridan）得知此事，想讓這些挨寒受凍的乘客暖暖身體，於是調了這杯加入威士忌的咖啡，其中一位乘客喝了驚為天人，問謝里丹：「請問這是巴西的咖啡嗎？」謝里丹開玩笑說：「不！這是愛爾蘭咖啡」，就這樣，溫暖了無數旅人的經典咖啡調酒誕生了。

愛爾蘭咖啡能風靡美國，要歸功於旅行作家史坦頓・德拉普蘭（Stanton Delaplane），他在福因斯喝過這杯酒後念念不忘，到了舊金山與Buena Vista Café的老闆傑克・科普勒（Jack Koeppler）談到此事，兩人決定重現它的味道。經過一番努力，終於在1952年的11月10號這一天，於美國賣出第一杯愛爾蘭咖啡[1]。

Buena Vista Café一天會賣出兩千多杯愛爾蘭咖啡，店裡用的是愛爾蘭之最（Tullamore Dew）威士忌，除了漂浮鮮奶油，還會加入貝禮詩奶酒。身為一個職業的醉漢，有機會到舊金山漁人碼頭走走的話，別忘了來這間店朝個聖！

愛爾蘭咖啡（Irish Coffee）

技法：直調法
杯具：咖啡杯（容量約 240ml）

＝材料＝

120ml 熱咖啡	45ml 愛爾蘭威士忌
15ml 貝禮詩奶酒	一顆 方糖
適量 鮮奶油	

＝作法＝

・用熱水燙過杯子，將液體瀝乾
・倒入熱咖啡，加入方糖搗碎、攪拌至溶解
・倒入威士忌與奶酒，攪拌均勻
・漂浮鮮奶油於其上

1. 另一個說法認為，Buena Vista Café是在謝里丹協助才完成這杯酒的：福因斯港關閉後，他從愛爾蘭移民美國，而且很有可能在店裡工作過。

067 你知道布魯斯威利成名前的職業嗎？

1980年代，尚未成名的布魯斯‧威利為了一圓他的星夢，一邊工作一邊跑龍套、試鏡，同時在紐約的神風特攻隊酒吧（Kamikaze）擔任調酒師，終於在《終極警探》（Die Hard）一片成名後，才辭掉了調酒師的工作。

他的好（酒）友，另一位好萊塢演員約翰‧古德曼（John Goodman）曾經這麼說：當年布魯斯真的是全紐約最厲害的調酒師。他本人對當過調酒師的往事也未曾忘懷，經常在各種節目中提及此事，後來更成為Sobieski伏特加的品牌代言人。

隨著布魯斯越來越紅、硬漢形象也深植人心，電影中只要他出現在酒吧，出現雞尾酒和點酒的場景一定不會走鐘。因為就算劇組不懂，主角也一定會糾正……如果要說哪部電影用到最多的調酒哏，一定是他與荷莉‧貝瑞（Halle Berry）主演的電影《勾引陌生人》（Perfect Stranger）。他在片中不只與女主角合力唸出海明威黛綺莉的酒譜和作法，還跳針好幾次要邀請女主角去喝紐約最好喝的海明威黛綺莉。

幾年後，布魯斯本人在法國麗茲酒店的海明威酒吧（Bar Hemingway）回味調酒師生涯，並且親自示範以自己為名的雞尾酒，他還對酒吧的首席調酒師柯林‧菲爾德（Colin Field）說，世界上最好的職業是調酒師與演員，而且我兩個都做過。

海明威黛綺莉（Hemingway Daiquiri）

技法：搖盪法
杯具：淺碟香檳杯

＝材料＝

45ml 甘蔗之花四年蘭姆酒　　　15ml 葡萄柚汁

20ml 檸檬汁　　　　　　　　　2tsp 瑪拉斯奇諾黑櫻桃香甜酒

2tsp 純糖漿

＝作法＝

・將所有材料倒入雪克杯，加入冰塊搖盪均勻

・雙重過濾，濾掉冰塊將酒液倒入淺碟香檳杯

・以葡萄柚角作爲裝飾

068 | 可以驅魔的雞尾酒？

　　漫畫《名偵探柯南》第429~434話，講述毛利小五郎一行人受邀到海盜船參加萬聖節扮裝派對。隨著劇情推進到後半段，扮演梅杜莎的工藤有希子說起Cocktail的詞源，扮演工藤新一的服部平次從嫌疑者點的雞尾酒進行推理，最後因為兇手點了錯誤的酒而有了破案關鍵。究竟兇手是點錯了哪杯酒呢？

　　由於主辦人要求每位參加者都要依角色設定行事，因此當扮演狼人的角色喝了**銀色子彈**（Silver Bullet）這杯雞尾酒就穿幫了，因為銀色子彈被認為是能貫穿狼人心臟、殺死狼人的武器，喝這杯酒不就等於自殺嗎？

　　在此段劇情結束前，苦艾酒（其實Vermouth翻譯為香艾酒較佳，詳見〈006香艾酒、苦艾酒傻傻分不清楚？〉）覺得柯南不簡單，是顆銀色子彈，意指如果黑色組織是狼人，那柯南就是能擊垮他們的殺手鐧，後來得到這個稱號的還有FBI的赤井秀一，他們的存在都是黑色組織最大的威脅。

　　銀色子彈在柯南漫畫裡還有一個意思，就是由雪莉（後來變小成為灰原哀）的父母研發出的藥物，後來再由雪莉加以研發完成為APTX4869。有趣的是，Silver Bullet能引申為強而有效的解決方式，但在漫畫中不但沒有解決問題，反而是一切問題的起源……

　　銀色子彈的材料只有三種：琴酒、檸檬汁與葛縷子酒（Kümmel），看似簡單，但在臺灣葛縷子酒不易取得，還好三年多引進了赫冰（Helbing）這個品牌，現在我們終於可以喝到銀色子彈啦。

　　葛縷子酒最主要的香料是葛縷子、孜然與茴香，最早是整腸健胃、飯後幫助消化、緩解脹氣的藥酒，不只能當餐後酒喝，也可以拿來料理入菜，在它最盛行的時代還曾是琴酒的最大競爭者。赫冰誕生於1836年的德國漢堡，迄今已有180餘年歷史，是最知名的葛縷子酒之一。

葛縷子酒並不是風味很濃烈的藥草酒，這讓銀色子彈成品風味非常清爽，因為不另外加糖，口感相當銳利，更符合銀色子彈這個名字與想像，喝起來很像有淡淡茴香的琴蕾，你是柯南粉或琴酒粉嗎？萬聖節想不到喝什麼嗎？就來杯銀色子彈吧！

「組織の心臓を射抜けるシルバーブレットは……もう一発……」（貫穿組織核心的銀色子彈……再一發……）

銀色子彈（Silver Bullet）

技法：搖盪法
杯具：馬丁尼杯

＝材料＝

45ml 植物學家琴酒　　　　　20ml 赫冰葛縷子香甜酒
10ml 檸檬汁

＝作法＝

· 將所有材料倒入雪克杯，加入冰塊搖盪均勻
· 濾掉冰塊，將酒液倒入已充分冰鎮的馬丁尼杯

---

069 | 會跑的蘭姆酒？

　　英文中有兩個特別用來代表酒類走私的詞彙，它們分別是：**Bootlegging**與**Rum-running**。如果從字面上看，前者是「靴子綁腿」，後者是「奔跑吧，蘭姆酒！」它們與走私酒類有什麼關係呢？

　　據說在美國南北戰爭期間，阿兵哥會將酒瓶偷偷塞在靴子裡帶進軍營裡面喝，這個位於靴子頂端的部位，自古以來就是放不想被發現的東西，像是刀與槍等，當美國各州開始於19世紀末進行禁酒運動時，Bootlegging逐漸變成非法製造、走私與販賣私酒的意思。

　　禁酒令於1920年正式全美實行後，走私蘭姆酒就成了一門好生意，那時候美國有許多邊境有走私客活動，其中最有名的就是佛羅里達州。船隻在佛州東南方的巴哈馬（Bahamas）拿騷集結，然後邁向幫美國醉漢解渴的偉大航道。

　　即使沒有跟巴哈馬總統有交情，只要船在公海上，就只有這艘船的註冊國家可以抓我。而且船上放滿酒又如何？禁酒的只有美國啊，走私客將大船停靠在公海與領海的邊緣上（這個界限又被稱為Rum row），然後舉牌標示各種酒類的價格，在海上形成特殊的景象。

　　趁著海巡不注意，大船將酒拋到海面上載浮載沉，接著輪到快速部隊出場了，多艘小船將鈔票往大船上丟，然後將酒撈起準備搶灘；這些跑者將小船改良到神速，海巡根本很難看到船尾燈。如果真的被抓到怎麼辦？沒關係，只要沒被發現船底早已被掏空裝滿神秘液體，我們就是艘載雜貨的小船，不行嗎？

　　搶灘後，除了快速裝上卡車上路，附近居民也樂於將空屋出租賺外快，讓跑者停船、暫放貨物以及休息，他們會在特定的時間出去「旅遊」，回家時就會在信箱收到現金，是一個誠實旅店的概念。

　　除了職業跑者，當時很多人是當Foodpanda在接單的，平日有正當職業有

空就兼職跑個幾趟。由於整個過程都在和時間（和海巡）賽跑，這個產業鏈就被稱為Rum-running，用來指稱這種透過海路的走私，而陸路的走私就被稱為Bootlegging。

在走私客中，最特別的莫過於威廉‧麥考伊（William McCoy）了，他原本在海軍服役，退役後回到老家佛羅里達當遊艇設計師，但是禁酒令實行後景氣衰退，對船隻需求的下降影響到他的生計，於是他和兄弟變賣家產，轉而投入Rum Runner的行列[1]。

與其他跑者不同的是，麥考伊滴酒不沾，也不會行賄官員來暗助自己的生意，而且不尋求黑道的保護（他在船上裝機槍自己守衛貨物）。最與眾不同的是，他的私酒是做口碑的──當時許多業者為了獲取更大的利潤，會偷換酒標仿冒較為高級的酒款，或是另外摻水稀釋，麥考伊堅持只賣無添加、純的好酒，即使違法也要堅守原則的概念。

麥考伊的堅持讓他獲得了媒體關注，在那個經濟蕭條的年代，這種反政府的人設往往會變成民眾的美談（想想電影《頭號公敵》，人家是銀行搶匪）。英文有個詞彙是**The Real McCoy**，指的是真貨、真實、好東西的俚語，雖然這個詞彙的起源已久，但麥考伊的行商之道又強化了它的意義：拎杯就是賣真貨，不服來辯！根本是美國廖添丁、酒界羅賓漢來著。

1923年，麥考伊的船長在某次喝瞎時，不小心向臥底的禁酒探員吹噓他們走私酒的方式，美國政府與英國政府（麥考伊走私船的登記國家）達成協議，直接出公海逮人。麥考伊投降後快速認罪，在監獄待了九個月後出獄，回到佛州重拾遊艇的老本行。

另一個傳奇跑者是瑪麗‧韋特（Marie Waite），她與丈夫成立舞蹈教室並且洗從私酒賺到的錢（絕命毒師的靈感來源？）後來丈夫在送蘭姆酒途中被海巡擊斃，於是她一肩扛起跑者的事業。

瑪麗的經營理念是遇神殺神見鬼殺鬼，她成立了一個擁有十五艘船艦的艦隊，有的負責載酒，有的則是負責火力支援，遇到海巡或同行狹路沒在跟你客

1. Rum Runner只是一個統稱，很多業者走私的是比蘭姆酒利潤更高的酒類，像是麥考伊就是以走私威士忌為主。

氣，直接開火。由於她使命必達速度超級快，很快的就成為當時最賺錢也最知名的跑者。

隨著海巡預算增加配備強化，瑪麗也有因應之道。她利用當時剛發展的高科技——無線電：同夥在岸上建立通訊點，一方面發送假的路線與時間給海巡，另一方面則用一連串看似無意義的西班牙語單詞聯繫，即使被海巡攔截也聽不懂她們到底在供三小，因此讓她獲得了「西班牙瑪麗」的稱號。

後來探員終於破解了無線電，1928年用無線電反將瑪麗一軍。她被逮後稱病，且以需要陪孩子為理由提出保釋申請，後來……瑪麗就這樣消失了，沒有人知道她去了哪裡，成為跑者界最大的謎團。

今日，前者有業者以The Real McCoy推出蘭姆酒，強調不加糖與香料並用波本桶陳年；後者則有名為Bad Bitch Spanish Marie的蘭姆酒，標榜使用法國葡萄酒桶陳年，因為瑪麗她總是用紅酒杯喝蘭姆酒！

最後推薦各位《海濱帝國》（*Boardwalk Empire*）這個影集，裡面有很多禁酒令時期的社會現象：政府、探員、黑幫、酒商與一般小老百姓，如何在禁酒令這項崇高的社會實驗中（Noble Experiment）交織出精彩的劇情，對這段歷史有興趣的話，這個影集相當值得一看。

蘭姆水上漂（Rum Runner）

技法：搖盪法

杯具：颶風杯

＝材料＝

45ml 151 蘭姆酒	20ml 草莓香甜酒
30ml 香蕉香甜酒	60ml 鳳梨汁
15ml 檸檬汁	15ml 紅石榴糖漿

＝作法＝

· 將所有材料倒入雪克杯，加入冰塊搖盪均勻

· 濾掉冰塊，將酒液倒入颶風杯，補入適量冰塊

· 以鳳梨角與鳳梨葉作為裝飾

瘾世箴言

要怎麼知道自己有沒有飲酒的問題？
——當你開始思考這個問題的時候。

070 | 神戶式Highball？搭和牛的嗎？

一般威士忌蘇打的調法是這樣：常溫高球杯放入適量冰塊，倒入常溫威士忌，再注入冰鎮的蘇打水（約威士忌2~3倍的量，順序不可相反），稍加攪拌即可完成。其實**「烈酒＋碳酸飲料」**的調酒不需要攪拌，只要最後用吧匙將冰塊提起後放下一兩次，材料就能融合的相當均勻，氣泡也不會散失過多。

這種威士忌蘇打因為加冰塊飲用，初入喉時清爽暢快又冰涼，很適合像啤酒般大口飲用，特別流行於居酒屋與餐廳，但加入冰塊飲用如果喝得慢，就會隨著時間融水讓口味變淡，就像含有淡淡麥香的……水。

有一種名為神戶式高球的調酒，就是不使用冰塊的威士忌蘇打。不使用冰塊不會很難喝嗎？既然加冰塊目的是冰鎮，那……如果所有的材料都預先冰鎮，是不是就可以不加冰塊呢？

神戶式高球將威士忌與高球杯預先冷凍，蘇打水充分冰鎮，由於材料全都是冰的，飲用時即使沒有冰塊還是很冰，而且因為沒有融水，從第一口到最後一滴味道都一樣醇厚，不會越喝越稀迷。

講到神戶，大部分的人會想到和牛，但對職業醉漢來說一定會想到神戶式高球，因為這種不加冰的喝法就起源於神戶。有一說認為，它是從神戶的三寶（Samboa／サンボア）酒吧發源。三寶酒吧創立於1923年，現今在東京、大阪與京都已有十幾間分店，神戶創始店的原址雖然已歇業，但在2021年又回到神戶三宮站開了新店啦～

為什麼會有不加冰的喝法呢？據神戶歷史悠久的酒吧Savoy Kitanozaka的老闆木村義久回憶，在那個冰塊仍是奢侈品的年代，這種調法是調酒師希望讓客人能輕鬆享用冰涼高球的心意（一個人人有高球的概念），沒想到在冰塊隨手可得的現在，神戶式高球反而成為了一種很潮的喝法哩！

神戶式高球（神戸ハイボール）

技法：直調法

杯具：高球杯

＝材料＝

60ml　四朵玫瑰波本威士忌

180ml　瓶裝蘇打水

＝作法＝

・在高球杯中倒入威士忌

・倒入蘇打水至滿杯

＊ 高球杯與威士忌預先置於冷凍庫冷凍。瓶裝蘇打水先冷藏，調製前15分鐘再置於冷凍庫冷凍，不使用量酒器改以目測倒入材料。

071 | 以錯誤為名的雞尾酒？

還記得美國佬這杯酒嗎？肯巴利酒1860年代剛開始在米蘭推廣時，因為用了來自米蘭的肯巴利以及托里諾的琴夏洛（Cinzano）香艾酒，所以一開始它被稱為Milano-Torino（或簡稱Mi-To）。後來發現，美國觀光客對這杯摻了蘇打水的酒有異常喜好，因此得名Americano……話說回來，美式咖啡英文也叫Americano，看來對美國人來說，飲料要好喝94要套水。如果一杯水不夠，就兩杯。

1919年內格羅尼誕生，它以琴酒取代美國佬中的蘇打水，不只提高酒精濃度，風味與層次的變化也提升許多，更延伸出花花公子（Boulevardier）、老朋友（Old Pal）等經典雞尾酒。一百年後，內格羅尼已經是在A咖雞尾酒殿堂中，與馬丁尼、曼哈頓平起平坐的一員了。

1970年代的某個夜晚，位於義大利米蘭的Bar Basso，調酒師Mirko Stocchetto正在幫一位客人調製內格羅尼，他不小心將琴酒倒成氣泡酒（是喝多瞎），沒想到意外大受好評。調酒師說這杯酒是Sbagliato（義大利文錯誤的意思），在70~80年代成為店內限定的特調，到了90年代開始在其他酒吧出現。時至今日，Bar Basso仍在雞尾酒酒單中供應這杯錯誤的內格羅尼。

下次調酒材料加錯了，不要馬上倒掉。搖一搖、攪一攪迸出新滋味，一杯經典雞尾酒就這麼誕生了也說不定喔！

NOTE ☞ 波西可

波西可（Prosecco）有一個不知道是褒還是貶的別稱——**窮人香檳**。
飲酒人大都知道香檳單價很高，因為香檳有限定的產區、繁複的製程與高昂的製作成本，還要透過各種管道強化人們「慶祝就是要開香檳」的信仰。如果只是要有看起來像香檳的東西能慶祝就好，或是不想花那麼多錢買真的香檳，波西可真的是一個「吸匹值」超高的好選擇。

波西可的法定產區位於義大利東北部，最主要的葡萄品種是格拉列（Glera），允許15％的比例可以使用其他品種的葡萄。與香檳還有CAVA（西班牙最有名的氣泡酒）最大的不同是，波西可不用瓶內二次發酵（Méthode Champenoise）的傳統工法，而是採用夏瑪法（Charmat Method）以不鏽鋼槽大量發酵，免除大量的人力與時間成本，還能有效率地產出大量成品，因此價格可以便宜到讓人當汽水喝也不會心痛。

會因為製程看起來好像比較Low，波西可就真的比較不好喝嗎？有些人反而認為這種用不鏽鋼槽發酵的氣泡酒，香氣更加清新、單純，給人一種明亮而又直爽的感覺。

雖然波西可大多是不甜（Brut或Extra Dry）的，但仍有少數標示Dry或是Demi-Sec的微甜選擇；在氣泡強度上波西可分兩種，第一種是氣泡足足足的Spumante，第二種則是有微微氣泡的Frizzante。只要稍微留意酒標找關鍵字，就能挑到喜歡的甜度與氣泡感。

像是Zardetto這款酒，不只曾受到葡萄酒名人羅伯特・派克（Robert M. Parker）推薦，多年前因為出現在紅酒漫畫《神之雫》第29集，被書中角色提及它帶有波西可特有的鳳梨與南國水果風味（還有很便宜），讓這瓶酒在臺灣身價爆漲一波，想買還到處缺貨。還好這麼多年過去熱潮也退了，終於又能用正常價格享受優質的波西可啦！

位於義大利東北部威尼托大區（Veneto）、科內利亞諾和瓦爾多比亞德內的波西可產地，因為地形惡劣不利栽種，數個世紀以來人們在這裡用與山坡平行或垂直的方式克難種植，葡萄園形成美麗的棋盤式景觀，2019年還被選為聯合國教科文組織世界遺產。它就在威尼斯北方車程一小時處，好醉漢，不去看看嗎？

錯誤的內格羅尼 （Negroni Sbagliato）

技法：直調法

杯具：古典杯

＝材料＝

25ml 肯巴利苦酒

35ml 甜香艾酒

適量 Zardetto 波西可氣泡酒

＝作法＝

・古典杯中放入一個岩石型冰塊

・將前兩種材料倒入杯中，攪拌均勻

・倒入充分冰鎮的波西可，稍加拉提冰塊混合材料

・以柳橙皮捲作爲裝飾

*原比例肯巴利與香艾酒爲各半，能吃苦的朋友不妨試試。

072 裸體馬丁尼？
調的時候要全裸嗎？

是可以看到Bartender裸體，還是好喝到會食戟式爆衣[1]？其實**裸體馬丁尼**（Naked Martini）跟裸體一點關係也沒有，**它指的是一種超簡派馬丁尼調製法**，方法簡單不用任何工具，而且味道穩定……講白一點就是：叫你阿嬤來調也是一樣的。

首先要冷凍琴酒與馬丁尼杯、將香艾酒冷藏一段時間（建議最好都超過三小時以上）。調製時取出馬丁尼杯，先倒入冷藏香艾酒，再補滿冷凍琴酒，最後放入裝飾就完成了……

蛤？這麼簡單？不用量、不用攪、不用濾？把兩種材料加入就完成了？是的，因為太簡單太直接，又被稱為**Direct Martini**。這種調法的起源已不可考，但它能風行是源自倫敦公爵（Dukes London）飯店的Duke酒吧，因此它還有個別名是**Duke's Martini**。

雖然說喝馬丁尼的Dry度很看個人，但喝裸體馬丁尼的人通常都是喝超Dry的那種，香艾酒可能只有涮杯（滴一些在杯裡，旋轉杯身，讓酒液均勻附著於杯壁後倒掉）、或是只用噴霧罐噴附一點在杯壁，幾乎等於是喝冷凍琴酒。

Duke酒吧的馬丁尼是以75ml的琴酒加上2.5ml的香艾酒涮杯（算起來等於30：1，Dry爆），為了融入少許水作為稀釋，在冷凍馬丁尼杯前會讓杯壁附著一層水，冷凍過後加入香艾酒會迅速融化，即可達到稀釋的效果。

有沒有更簡單、更直接的調法？之前我曾用小型保溫瓶（容量約200ml）做實驗，預先將琴酒與香艾酒裝入，稍加搖晃後置於冷凍庫冷凍一段時間，接著只要倒出就能喝，簡單快速味道穩定，還可以一次調製好幾杯（瓶）分裝。

聽起來很吸引人對吧？味道穩定，但是……好喝嗎？只要比例對、冷凍時間

---

1. 編註：動漫《食戟之靈》的劇中人物，常在品嚐美味料理後「爆衣」。此為表現食物美味的誇張效果。

夠，味道很乾淨漂亮，當香艾酒狀況比較不好的時候，在極低溫的狀況下也能掩蓋過去。雖然好喝是好喝，但總覺得好像少了些什麼。

或許是少了調製的過程吧，就像冷凍調理包，即使好吃也不像現做料理：看到廚師的廚藝、聞到香味、聽到聲音，期待端出料理的過程也是飲食不可或缺的一部分，就像你不會期待在高級餐廳用餐，聽到微波爐那「叮」的一聲吧？

有時攪拌過度太稀、有時攪拌不夠酒感太強，香艾酒狀況時好時壞、材料比例總有細微差異，冰塊有大小有軟硬……喝馬丁尼、調馬丁尼的樂趣不就在這嗎？隨著經驗判斷狀況，越來越能調出穩定的味道，那種成就感是難以言喻的。

但這種懶人調酒還是有好處的，下班都累爆了從冷凍庫抽出就能喝：想喝曼哈頓就抽曼哈頓、想喝內格羅尼就抽內格羅尼那瓶，白天出門前裝瓶，下班回家歡笑收割。提醒一下，這種調法不能冰太久，畢竟不是烈酒也不是完全密封，時間太久還是會結凍或是味道變得很怪，冰後12~24小時是最好的賞味期間！

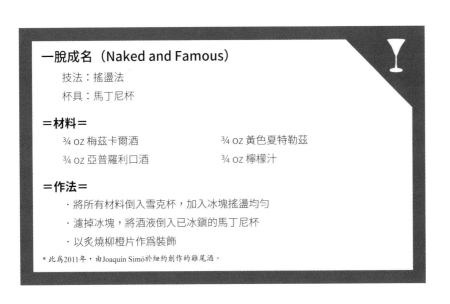

一脫成名（Naked and Famous）

　技法：搖盪法

　杯具：馬丁尼杯

＝材料＝

¾ oz 梅茲卡爾酒　　　　　¾ oz 黃色夏特勒茲

¾ oz 亞普羅利口酒　　　　¾ oz 檸檬汁

＝作法＝

　・將所有材料倒入雪克杯，加入冰塊搖盪均勻

　・濾掉冰塊，將酒液倒入已冰鎮的馬丁尼杯

　・以炙燒柳橙片作爲裝飾

＊ 此爲2011年，由Joaquín Simó於紐約創作的雞尾酒。

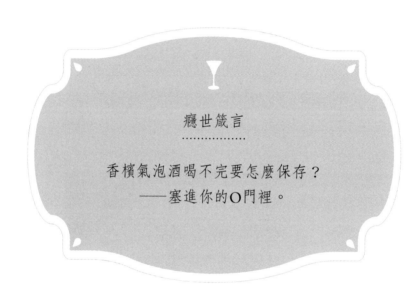

癮世箴言

....

香檳氣泡酒喝不完要怎麼保存？
——塞進你的O門裡。

第六章

調製有方

調酒工具為什麼這樣設計？使用上有什麼技巧？
本章收錄關於居家調酒人常有的疑問，以及讓調
酒更好喝的小訣竅，還有如果想辦調酒趴邀請
朋友，如何一步一步入手材料，在家裡打
造出一個屬於個人風格的小吧檯。

傑克蘿絲

073 馬丁尼很難調？真的嗎？

調馬丁尼是不是很難？會這麼問可能是因為在自己的調製經驗裡，無論怎麼調、怎麼喝都不滿意。也可能是聽別人說，彷彿這兩種材料能以一種相當神秘的方式進行結合，一定有什麼不可說的學問在裡頭。畢竟是雞尾酒之王嘛，總是有許多想像空間。

如果是第一種狀況，不妨每次跑吧都點馬丁尼喝，如果喝遍大街小巷還是不喜歡，很有可能是與馬丁尼無緣，跟調製技術無關；如果只是聽說，不如自己動手調調看。

想調一杯成功的馬丁尼，第一個關鍵在於**香艾酒的新鮮度**。如果是用剛開瓶的香艾酒調製，要調製失敗真的很難，但我們不可能為了調一次馬丁尼就開一瓶新的香艾酒，因此如何與開瓶後的香艾酒共處，就很重要啦。

香艾酒開瓶後，不同品牌的味道變化速度與程度都不一樣，要減緩這個狀況一定要冷藏保存。在我的經驗中，很多經典調酒無法被一般人接受，常常是因為香艾酒這項材料（加上用到香艾酒的多為攪拌短飲的高濃度雞尾酒），新鮮開瓶時的風味已經很無法，氧化變色後更是讓人不敢恭維[1]。

開了一瓶新的香艾酒，也就是在風味最好的狀態，不妨嘗試提高香艾酒的比例，例如3：1甚至是2：1。這種酒精濃度偏低的馬丁尼口感很柔和，琴酒的刺激感會被香艾酒包覆得很好，還會感受到些許甜味。隨著香艾酒開瓶時間越長，味道也會越來越重，此時提高琴酒比例比較能夠平衡。簡單來說就是：香艾酒放越久，馬丁尼的酒譜就要越Dry。

第二個關鍵是**琴酒的溫度**。不管是用冷凍、冷藏或是常溫琴酒，我在酒吧都喝過很好喝的馬丁尼，這部分沒有絕對，而是看每個人的習慣。推薦使用冷凍琴酒，主要是因為可以大大提昇成功的機率。

1. 有些同學反而比較偏好開瓶後放存一段時間、氧化變色的香艾酒，認為這樣的風味更強、口感也更為醇厚。

使用常溫琴酒容易讓成品過度稀釋，冷凍琴酒因為溫度夠低，能略增攪拌時間達到充分混合。對那些偏愛極Dry口感的醉漢而言，他們喜歡的可能不是馬丁尼，而是略有調味的凍飲琴酒，如果這時冷凍琴酒夠冰基本就80分起跳。

第三個關鍵是**冰塊**。攪拌前有些人會先攪拌冰塊去除稜角，這麼做可以冰杯、去除冰塊稜角讓攪拌更順暢。經過這個步驟冰塊的融水速度會變快，但相對地，冷卻效率也會比較好。如果使用剛從冷凍庫拿出的冰塊，雖然一開始冰鎮效率較差，但能耐得住更長時間的攪拌。

理想的條件（成功率最高）是這樣：**冷凍的琴酒、剛開瓶的冷藏香艾酒與極硬的冰塊**；有冷凍的攪拌杯更好！這樣調出來的馬丁尼就算稱不上美味，至少也不會到難喝。而不太OK的馬丁尼有兩種：第一種是攪拌不足溫度不夠低，第二種是過度攪拌水水的，但只要符合前述理想條件，至少可以不用擔心過度攪拌的問題。

並不是馬丁尼一定要這樣調，而是具備這些條件成功率會比較高。但調酒經常面對的是常溫琴酒與融冰，還有放太久的香艾酒，那要怎麼提高成功率呢？先準備一隻電子溫度針（料理溫度計），後面我們會聊聊如何攪拌！

瑪黛尼（Mateni）

技法：攪拌法

杯具：馬丁尼杯

＝材料＝

55ml　六角琴酒　　　　　　25ml 卡騰瑪黛茶香甜酒＊

1dash 蒲公英苦精

＝作法＝

・將所有材料倒入調酒杯，加入冰塊攪拌均勻

・濾掉冰塊，將酒液倒入已冰鎮的馬丁尼杯

＊覺得濃度過高的人，可以將兩種酒的比例做交換。

074 　酒嘴上面爲什麼會有一個小洞？

　　酒嘴，又稱注酒器，塞在瓶口可以穩定酒液流速。稍有經驗的調酒人，還能用它流出的秒數估算液體量（Speed Pouring），非常適合需要大量調酒的場合。如果仔細看酒嘴，會發現它通常都是彎的，然後在底部有個氣孔。

　　倒酒時如果將氣孔朝向天花板，酒嘴就會下彎，酒液倒出的同時空氣也能順利進入，出酒就會順暢穩定；如果氣孔朝下酒嘴就會上翹，酒液有可能從氣孔流出，出酒也會比較不順。

　　酒嘴的設計能配合調酒師的動作。傳統上，調酒師大多是橫拿酒瓶略為傾斜倒酒，只要氣孔朝上即可。但有些調酒師倒酒時，酒瓶是瞬間轉到近乎垂直向下（常見於花式調酒或個人習慣），回正酒瓶如果直接依原方向轉動（例如逆時鐘垂直瓶身然後順時鐘回正），很有可能沒辦法順利斷酒，或在回正時酒液持續流出噴到外側。因此，他們會做一個旋轉讓酒嘴轉向上翹，從客人的角度看像從下面尻一個弧度上來很帥，但這個動作不只帥而已，重點是把酒斷得漂亮。

　　氣孔在垂直倒酒時能發揮更多功能，例如說要倒很多個Shot杯，酒瓶在杯子與杯子間移動時，只要按緊氣孔不放就能極短暫的停止出酒，這時快速移動到另一個杯子上方再放掉氣孔，就不會灑的酒液到處都是。持續壓住氣孔，看按壓的力道大小也能調整液體的流速，垂直將酒倒入量酒器很快就會滿，想延長倒酒時間、拉開酒嘴與量酒器的距離帥一下，氣孔按緊就對了。遇到要拉酒嘴[1]的場合，只要酒嘴「控制」得宜，同樣五秒可以讓被拉的人淺嘗輒止，也可以讓他拉完就準備登出囉！

　　還有蠻多同學問「酒嘴什麼酒瓶都能用嗎？」我們通常會回答「大部分的酒瓶都可以」，因為有些瓶子的瓶口真的很不合群。像是Patrón的瓶口超大，什麼酒嘴都卡不住；D.O.M.的瓶口太窄，酒嘴就算勉強插上去還是會彈出來。酒嘴下

---

1. 一種由施行者直接將酒透過酒嘴倒入另一人嘴裡的活動，通常進行前會先討論拉幾秒，再由觀眾或施行者讀秒倒酒。因為人為影響很大，會喝到多少通常與秒數沒有關係，而是人品。

方橡膠一圈一圈、由寬到窄的設計，就是為了配合不同瓶口大小，至於那些超過最大與最窄範圍的瓶口，就不能用酒嘴了。

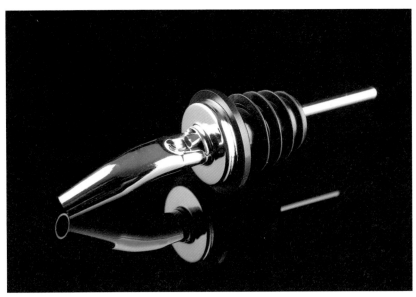

多明諾（Domino）

　　技法：攪拌法

　　杯具：淺碟香檳杯

＝材料＝

　　50ml　1800 Añejo 龍舌蘭　　　　25ml　勒薩多咖啡香甜酒

　　40ml　梅茲卡爾鮮奶油*

＝作法＝

　　‧將前兩種材料倒入調酒杯，加入冰塊攪拌均勻

　　‧濾掉冰塊，將酒液倒入已冰鎮的淺碟香檳杯

　　‧漂浮梅茲卡爾鮮奶油於酒液表面

　　‧炙燒三顆咖啡豆，投入杯中作為裝飾

＊將鮮奶油與梅茲卡爾酒以4：1的比例攪拌均勻。

075

爲什麼有些酒用攪拌法調，有些酒用搖盪法？

每當一個活動同時出現搖盪法與攪拌法調酒，就會有同學提出這樣的疑問：「同樣是冰鎮，爲什麼一個要用攪的，一個要用搖的？」在活動中我通常會這樣回答：

「搖盪是因爲酒譜中有些不易攪拌均勻的材料，劇烈搖盪能讓材料融合且充分冰鎮，搖盪過程中會將空氣打入酒液讓酒體更加輕盈。因爲過程中會有較多的溶水，與攪拌法相比通常酒精濃度較低，口味則是以酸甜系爲主。」

「攪拌法的酒譜通常不含果汁等副材料（幾乎都是酒），透過輕柔的攪拌動作。即可讓材料融合與冰鎮，酒體也能維持醇厚飽滿的口感不會過度稀釋，與搖盪法相比通常酒精濃度較高。口味則是以甜、苦甜或偏Dry的短飲爲主。」

這是一個比較安全、同學也好理解的回答，尤其是現場實際感受兩種酒的口感差異時更加明顯，搖盪調酒明顯易飲，攪拌調酒則是會喝的較慢。但如果手邊有材料，我會建議**同一杯酒**兩種作法都試試看，更能感受其中的差異。

我在上本書有提到，《007：皇家夜總會》中的經典臺詞「Shaken, not stirred」其實是個美麗的誤會，如果上面的回答是真的，那全部都是酒（琴酒、伏特加、麗葉酒）的薇絲朋爲什麼不是用攪拌的呢？

與其說什麼酒一定是用攪拌（或搖盪），不如把這兩種技法當成途徑，也就是你最終想要什麼樣的口感，檸檬汁真的沒有辦法透過攪拌動作變均勻嗎？搖盪真的會破壞琴酒的味道嗎？我曾試過攪拌法的側車，還真的比較不好喝，也試過改以搖盪調製馬丁尼，反而受到不喜歡這杯酒的同學喜愛。

「搖盪與攪拌是酒譜建議的作法，你可以反過來做驗證看看自己喜不喜歡。」雖然我很想這樣回答，但一定會被同學討厭的啊～

你要不要吃哈密瓜（Want Some Melon）

技法：搖盪法

杯具：淺碟香檳杯

＝材料＝

60ml 玫蓉娜德密瓜香甜酒　　15ml 卡拉維多特濃情皮斯可

30ml 鮮奶　　　　　　　　　30ml 鳳梨汁

＝作法＝

· 將所有材料倒入雪克杯，加入冰塊搖盪均勻

· 濾掉冰塊，只留下酒液進行 Dry shake

· 將酒液倒入淺碟香檳杯，以鳳梨乾與鳳梨葉作為裝飾

076 吧叉匙後端的叉子是做什麼用的？

吧叉匙

遇到醉漢時拿來防身用的（誤）。

好啦，吧叉匙的前身可能是一種被稱為Sucket Spoon（或Fork）的餐具，它源於16~17世紀（歷史甚至比現代叉子更早），一端雙叉一端匙面的設計，用於吃蜜餞時使用——可以撈糖漿，也可以穿刺水果。

類似的工具後來傳進酒吧。隨著雪莉酷伯樂（Sherry Cobbler）這杯酒的流行，調酒師會將它附在杯中一起給客人，讓客人一邊喝一邊攪拌，還可以用叉子戳裡面的水果來吃。慢慢地，它變成調酒師進行攪拌法的工具，多了螺紋方便旋轉，長度也開始變長。現在的吧匙30cm只是基本，日本人已經進化到45cm、甚至是50cm啦！

現代吧叉匙的叉子，主要是用來勾住糖漬櫻桃的櫻桃梗方便撈取，或是用於製作果雕的輔助工具，也因此有些吧匙已經沒有叉子的設計，以水滴或是特殊造型替代。不過，吧叉匙其實還有一個很好用的隱藏用途——榨汁。

有時候只想調杯酒、用點檸檬汁，但一想到開榨汁機還要清洗，好～麻～煩～只好用爆橘拳處理比較快。但如果你爆過檸檬，就會知道檸檬皮硬起來超硬，根本捏不出什麼汁好嗎？恰～恰～

爆橘拳，要搭配吧叉匙才能輕鬆榨汁。首先，將檸檬或柳橙對切，然後在剖面中心用刀子劃個十字，接著左手掌心握著檸檬將剖面對著杯口，右手拿吧叉匙

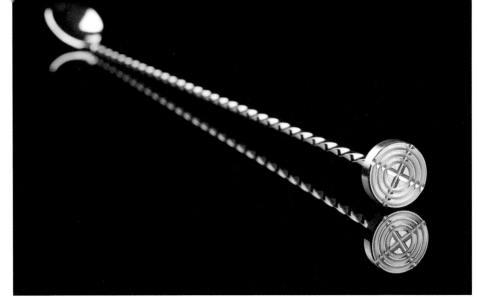

吧平匙

來個神之插入，檸檬一個「啊嘶」之後你就開始旋轉吧叉匙，搭配輕捏，檸檬就能出汁啦！

　　另一種常見吧匙稱為吧平匙，另一端是小圓鐵片造型。製作漸層調酒時，透過它減緩流速就能做出漂亮的漸層，遇到需要搗壓的材料（薄荷、藥材、果片、方糖等），還能當成搗棒使用。

NOTE ☞ 富蘭傑利可榛果香甜酒

你覺得，我覺得，獨眼龍也覺得，富蘭傑利可榛果香甜酒（Frangelico Hanzelnut Liqueur）這瓶酒的造型實在長的有點公然猥褻，但它不只造型很猛一柱擎天，更是一瓶好喝、好用到不行的香甜酒！

Frangelico這個名字，是為了紀念一位名為 Angelico的畫家，他是文藝復興前期的知名畫家，終身畫作主題都與宗教有關，生前有一句名言是：「從事基督工作的人，必須一直與基督同在。」據說他畫到耶穌受難的主題，是一邊流淚一邊完成的，1982年，Angelico被教宗若望保祿二世，以宣福禮將他追封為真福者。

榛果酒為什麼要扯到修道士呢？這是因為在義大利西北的皮埃蒙特（Piedmont）山丘區早期住著一群修道士，他們不只精通釀酒，也特別擅長將當地盛產的榛果作為食材，酒廠宣稱這款酒的配方就是來自他們的秘傳。

要唬爛當然要唬全套，順便找個修道士掛名好了，在拉丁文中，Fra是教友互稱兄弟的頭銜，也因此Angelico就是Fra Angelico（安傑利科弟兄），兩個字連在一起，拿掉一個A就成了品牌名稱──Frangelico。

為了符合修道士畫家的意象，酒瓶設計成修道士的模樣……仔細看，酒瓶外型是不是很像修道士批著道袍、腰上還有一條綁繩？所以別再用異樣眼光看它（還是只有我這樣看），這可是很神聖的造型哩！多喝幾瓶搞不好連招降的技能也能習得！（喂）

只要喜歡榛果風味，誰能不愛Frangelico？它採用Piedmont當地的成熟榛果，經過剝殼、烘烤後靜置於酒中一段時間再進行蒸餾。完成蒸餾後，很搞剛的再混合可可豆與香草莢調和（這也是為什麼除了榛果味，還有著濃郁的可可與香草味兒）調和完成後，再陳放6~8週的時間，慢工出細活讓所有材料進行一個完美的融合。

雖然用到榛果酒的經典雞尾酒不多，但在家超簡派調酒非常好用：套可樂、套檸檬汁，也可以套鮮奶或咖啡，白天來一杯榛果拿鐵，老闆或阿母都不會發現你白天就開始酗酒，根本是香甜酒界的好折凳來著。

Frangelico還有一個常見用途是製作甜點中的蛋奶醬，但是甜點什麼的好麻煩唷～沒關係，買個香草或巧克力冰淇淋，把冰鎮過的榛果酒淋在上面，增添風味又有噱頭，就是一個超簡派的醉漢甜點啦！

恰恰（Cha-Cha）

技法：搖盪法＋漂浮法
杯具：馬丁尼杯或淺碟香檳杯

＝材料＝

90ml 巧克力香甜酒　　　　　90ml 榛果香甜酒

90ml 鮮奶油

＝作法＝

· 將榛果香甜酒倒入雪克杯，加入冰塊搖盪均勻

· 濾掉冰塊，將酒液平均倒入 3 個馬丁尼杯

· 重複以上步驟，將搖盪過的巧克力香甜酒與鮮奶油依序漂浮在酒液上

077 隔冰匙的隱藏功能，您知道嗎？

　　霍桑（Hawthorne）隔冰匙[1]除了濾掉冰塊、倒出酒液之外，還有兩個隱藏的功能。調酒有個技法稱為Dry Shake，指的是在沒有冰塊的狀態下搖盪材料，通常是為了產生更多的泡沫，還會再搭配一次有加冰塊的搖盪；可能是先Dry Shake再加冰搖，或是反過來先加冰搖完再濾冰Dry Shake。

　　隔冰匙的彈簧可以拆卸，如果進行Dry Shake時投入雪克杯跟其他材料一起搖，會比直接搖產生更多、更綿密的泡沫。隔冰匙上的洞與突起也是有玄機的，一般在倒酒時，我們會讓酒液從隔冰匙的最中心點倒出，並用食指壓在隔冰匙的中心點。

　　如果想一次將酒液倒入兩個杯子，可以用食指壓住隔冰匙把手頂端的突起，往下壓擋住雪克杯的邊緣，酒液無法從雪克杯流出，就會從隔冰匙上兩個圓弧狀的洞口流出。由於這兩個洞並未相連，倒出酒液時就會分成兩道，分別進入兩個杯子。

　　就算不是刻意要分成兩個杯子倒，只要下壓隔冰匙讓酒液從弧面洞口出來，就能擋掉大顆粒的碎冰與果渣。沒有濾網可以進行雙重過濾時，只要善用這個技巧就能做替代。

---

1. 編注：隔冰匙一般分為兩種——有彈簧圈且匙面有爪子的霍桑隔冰匙，以及匙面有洞的茱莉普（Julep）隔冰匙。

莓牛奶（苺みるく）

技法：搖盪法

杯具：白蘭地杯

＝材料＝

35ml 樂傑草莓香甜酒　　　　25ml 莫札特白巧克力香甜酒

60ml Half & Half

＝作法＝

· 將所有材料倒入雪克杯，加入冰塊搖盪均勻

· 濾掉冰塊，只留下酒液進行 Dry Shake*

· 將酒液倒入白蘭地杯，放上乾燥草莓作爲裝飾

*使用彈簧進行Dry Shake產生大量綿密的泡沫。

078 | 爲什麼瑪格麗特要用鹽口杯？

　　關於瑪格麗特這杯酒的起源，有個說法認為它是調酒師約翰·杜雷莎（John Durlesser）於1949年參加調酒大賽的冠軍作品，酒的名字源自多年前與他出遊打獵、卻誤中流彈而死的女友（是不是他打的他沒有說），所以鹽口是個很美的意象——眼淚的結晶。

　　說到鹽口杯就想到另外一杯酒——**鹹狗**（Salty Dog），這杯混合伏特加與葡萄柚汁的雞尾酒也是用鹽口杯。Salty Dog源自美國海軍的用語，指的是經驗豐富的船員、水手，鹽口象徵的是他們們在甲板上辛勤工作的汗水結晶（完了，下次喝這杯會不會聞到汗臭？）故事是什麼，鹽口就是什麼，正所謂「一個鹽口，各自表述」大概就是這個意思。

　　那麼鹽口對於口感有沒有影響呢？有，而且還蠻明顯的。在我們活動的經驗中，喜歡與不喜歡鹽口的人比例差不多，喜歡的人會沿著杯緣一口一口喝，每一口都能喝到鹽，不喜歡的人喝破一個缺口後，就會用那個缺口把酒喝完。有些調酒師的瑪格麗特鹽口杯只沾半圈，就是考量到不是人人都愛鹽口的口感。

　　還記得小時候吃西瓜，長輩都會說抹一點鹽西瓜會更好吃，其實就是藉著先嚐到一點點鹹，讓之後西瓜的甜感更突顯出來。另一種說法認為，在調酒的酸味、甜味與澀感中加入鹽，能讓整體的味覺感受更加均衡完整。

　　《從科學的角度玩調酒：雞尾酒瘋狂實驗室》一書的作者戴夫·阿諾德（Dave Arnold），說他無論調什麼雞尾酒，都會嘗試加入一點點鹽水，因為這樣能讓成品更加美味好喝。讀到這裡我十分好奇，馬上就邀幾位資深同學來做實驗，流程如下：

　　1. 挑選10杯經典雞尾酒，由10個同學各自負責調製其中一杯
　　2. 每位同學在調製時都放兩杯的份量，再均分到調酒杯或雪克杯中

3. 調製開始前，在其中一杯放入少量鹽水（僅調製者知道是A還是B杯）

4. 調製完成後，A杯與B杯都均分為9份，請另外9位同學選出喜歡A或B

5. 收集所有人的選擇，再公布這10杯的加鹽版本分別是A還是B

因為參加的同學都知道實驗的目的是什麼，飲用時難免會出現想要喝出有鹽味那一杯的想法，但我請大家不管喝不喝得出鹽味，只要選出直覺喜歡的那一杯就好，就算你很明顯喝出哪杯有鹽也一樣。

實驗雖然不是很嚴謹，參加人數也不多，但結果相當有趣，供各位參考：

1. 熱帶系提基調酒，加鹽水似乎有反效果，像藍色夏威夷與鳳梨可樂達，大部分同學喜歡無鹽的；

2. 短飲型酸味雞尾酒，加鹽水喜好反應各半，像瑪格麗特、側車、柯夢波丹等，加不加鹽的喜好程度差不多；

3. 其中一杯酒得到壓倒性全勝——**教父**（Godfather）——9位同學全部覺得加了鹽水的版本比較好喝。我自己覺得加鹽教父不只降低了酒精的辛辣感，還能讓威士忌與杏仁香甜酒的味道更加融合，尾韻收得非常圓潤飽滿。

別再貓咪薯條了，下次問問你朋友，喜歡無鹽瑪格，還是灑鹽麗特吧！

鹹狗（Salty Dog）

　　技法：搖盪法

　　杯具：古典杯或長飲杯

＝材料＝

　　45ml 伏特加　　　　　　　　90ml 葡萄柚汁

＝作法＝

　　・製作鹽口杯，裝滿冰塊

　　・將全部材料倒入雪克杯，加入冰塊搖盪均勻

　　・濾掉冰塊，將酒液倒入鹽口杯

　　・以葡萄柚片或葡萄柚皮捲作為裝飾

＊ 可加入2~3tsp的肯巴利苦酒或瑪拉斯奇諾黑櫻桃香甜酒，成品風味會更有層次唷！

079 | 調酒師的番茄醬？那是什麼？

　　想像一下，啜飲了幾口美味的雞尾酒，是不是很想來些金黃酥脆的香噴噴炸物呢？在酒吧裡，最受歡迎的炸物就是薯條啦，如果再搭配酸甜帶鮮味的優質番茄醬，啊嘶……根本絕頂升天啊！

　　是的，薯條炸得完美直接吃就很好吃，但搭配好的番茄醬能讓口感更加完美。在調酒中有個材料被稱為**「調酒師的番茄醬」**（Bartender's Ketchup）──如果調製的成品口感不怎麼樣，它就是連恩·尼遜即刻救援，讓爛酒變堪飲；如果這杯風味已臻上乘，它就是王之渙登鸛雀樓，讓成品更上一層樓。到底是什麼酒拿麼厲害？

　　2007年，聖傑曼接骨木花香甜酒（St-Germain Elderflower Liqueur）誕生於法國，細緻花香伴隨淡淡水果風味，很快就成為接骨木花香甜酒的代名詞。它使用每年晚春手工摘採的接骨木花為原料，每瓶使用1,000朵接骨木花製作，強調全天然材料製作，就連酒液微微的金黃色也是源自花粉。

　　聖傑曼添加在經典調酒中能增添風味，例如在酸味調酒黛綺莉中添加個0.5oz（約15ml），就能讓成品多一股優雅花香、水果風味也更加明顯。它的味道清新自然，用來增加成品甜度，不會有糖漿或香甜酒常有的化學味。用它加入平價的氣泡酒調製基爾（Kir），天啊……我買到的是香檳嗎？

　　官網另外推薦了幾款不錯的酒譜，像是加入波西可與蘇打水的Spritz喝法、取代肯巴利調製的Frenchie Negroni。其中最令我驚豔的一杯，是以聖傑曼取代瑪格麗特的君度橙酒與糖漿、名為聖麗塔（St-Rita）的雞尾酒，高酸低甜的口感使得龍舌蘭風味的更加突出，讓原本就較為細緻的Patrón優點充分展現。

　　如果要說聖傑曼有什麼缺點，就是它顏色變化速度非常快。開瓶前是透亮的金黃色，開瓶後顏色會逐漸加深；風味雖然變得濃郁，但原本清新的果香也失色

不少。就算不開瓶，聖傑曼的色澤與風味也會隨著時間改變，但「味道自然」與「長期保存」本難兩全，入手後還是盡快飲用完畢吧。

　　接骨木已經在歐洲入藥好幾世紀，從根部、果實到花朵皆可入藥，接骨木花更是飲品好夥伴。不過接骨木花香甜酒誕生較晚，很少經典雞尾酒指定使用，但從它的暱稱就知道，已經有許多調酒師用它調製雞尾酒，無論是修飾味道或增添風味都很好用，絕對是您居家調酒，必備佳釀啊！

接骨木魔杖（Elder Wand）

　　技法：搖盪法
　　杯具：可林杯

＝材料＝

　　30ml 蘋果白蘭地　　　　　45ml 接骨木花香甜酒
　　15ml 檸檬汁　　　　　　　10ml 純糖漿
　　適量 辛口薑汁汽水

＝作法＝

　　‧將薑汁汽水以外的材料倒入雪克杯，加入冰塊搖盪均勻
　　‧濾掉冰塊，將酒液倒入可林杯，補冰塊到八分滿
　　‧倒入薑汁汽水，稍加攪拌，以乾燥花卉作爲裝飾

080

奶洗？
你是不是在想色色的東西？

　　品飲葡萄酒時經常會提到一個詞彙——單寧（Tannins），如果不知道這是什麼，回想一下吃澀柿子的口感就對了！單寧酸是多酚的一種，屬於聚合化合物，它會和口腔中的蛋白質結合，讓人覺得乾澀、不滑順。

　　不只是水果與葡萄酒，浸泡茶葉也會產生多酚。之前提到，如果要Infuse茶葉酒不能泡太久，就是為了避免產生澀味，但泡不夠久味道又不夠很難拿捏，所以才會使用一次浸泡大量茶葉，但縮短浸泡時間的方式。

　　羅馬帝國時期，人們就已經知道石膏、橄欖油、奶與蛋白可以達到讓酒液達到澄清、去除雜質的效果。美國開國元勳班傑明·富蘭克林是個重型醉漢有名的愛酒人，也曾在手稿中記錄使用鮮奶過濾烈酒讓風味更好的方法。

　　如果喜歡茶調酒不妨自己動手泡，再透過**奶洗**（Milk Washing）這道程序讓成品風味更佳，只要準備四種材料就能進行：茶葉、烈酒、鮮奶與檸檬汁。

步驟一：開一瓶烈酒，倒出一個Shot尻掉（不一定要啦），取20g左右的茶葉泡入酒瓶、蓋上瓶蓋浸泡，過程中三不五時去搖晃一下酒瓶，約一小時後將酒液濾掉茶葉到另一個容器。

步驟二：取一個大公杯（有鳥嘴的那種），先倒入約180ml的鮮奶，再將剛剛的浸漬液倒入。三分鐘後倒入約20ml的現榨檸檬汁（用濾網先濾掉果肉），不用劇烈攪拌，只要用吧匙在液體表面輕輕畫圈即可。

步驟三：將混合液靜置幾個小時，期間有空就稍微攪拌一下上層的混合液，等到不再有雜質沉澱的時候，準備濾網與咖啡濾紙，將液體雙重過濾到空瓶內，完成！

蛋洗（Egg-Washing）比奶洗更簡單，只要準備烈酒、蛋還有水即可，根據上述的比例，作者建議量是32g的蛋白、30g的水與一瓶750ml的烈酒。將蛋白先與水混合，再一邊倒入烈酒一邊攪拌。靜置一段時間後稍加攪拌，再靜置到溶液沉澱，最後一樣以咖啡濾紙濾出酒液裝瓶。

作者提出奶洗會有讓酒液更容易發泡的效果，但是蛋洗沒有，所以推薦以搖盪法調製奶洗酒、以攪拌法調製蛋洗酒，後者也比較適合加入碳酸飲的調酒（不會產生太多氣泡）。

我實際用經過蛋洗的波本與原本的波本（同一品牌、相同比例）調威士忌蘇打，發現蛋洗版本的成品風味與顏色都比較淡，產生的氣泡確實也較少，但口感相對柔和許多。或許經過蛋洗處理的桶陳烈酒，用於調酒能將接受度提高（快找你那個號稱不喝威士忌的朋友來試試看！）

伯爵茶馬丁尼（Earl Grey MarTEAni）

技法：搖盪法

杯具：淺碟香檳杯

＝材料＝

2oz　奶洗後的紅茶浸漬琴酒　　¾oz　現榨檸檬汁

½oz　蛋白　　　　　　　　　　½oz　純糖漿

＝作法＝

· 雪克杯倒入所有材料，加入冰塊搖盪均勻

· 濾掉冰塊，進行 Dry Shake

· 將酒液倒入淺碟香檳杯，以檸檬片作爲裝飾

* 2000年，Audrey Saunders於Bemelmans Bar New York的創作。原作中的紅茶浸漬琴酒並未經過奶洗，但有加蛋白柔和澀味。據《雞尾酒瘋狂實驗室》一書的作者戴夫·阿諾德所述，這激發他進一步嘗試蛋洗時波本威士忌與蛋白的「黃金比例」，最終的實驗結果是酒：蛋白＝20：1（蛋白比例越高，脫除風味的能力就越強）。

081 攪拌，要怎麼攪？

標準的攪拌動作需要一定程度的練習。我們在活動中遇到攪拌的動作，會另外教同學一個偷吃步的攪法，但對攪拌真的很有興趣、想在短時間內上手攪拌動作的同學，我們會邀請他參加一場專門學習攪拌動作的活動。

這個活動除了練習攪拌動作，也會回答各種關於攪拌法的疑問，其中最常被問的就是：攪拌到底要攪多久？這個問題問不同人會有不同答案，我看過一邊攪拌一邊搧風聞味道的調酒師，也聽過各種不一樣的說法：

攪到杯壁結霧：其實這個不太準，因為調酒杯的溫度一開始是常溫，隨著重複使用結霧的速度也會變化，而且跟使用的冰塊大小也有關係。

攪拌固定秒數：這個更不準了，不同材料有不同溫度（常溫、冷凍或冷藏），每杯酒材料總量也不一樣。

攪拌固定圈數：調酒大師毛利隆雄的馬丁尼非常有名，很多人應該知道他固定是攪一百圈，但每個人的選酒、冰塊、比例、調酒環境都不一樣，只設定一個特定的圈數也不太準。

回答這個問題前我會先反問同學覺得應該是多久、幾秒，每個同學的反應都不太一樣。活動到了第二階段，我們會用一個實驗，讓同學體會不同的攪拌時間對成品會有什麼樣的影響。

會有這個想法，是從《雞尾酒瘋狂實驗室》這本書得到的靈感，作者提出冰塊的熔化熱約為80cal/g，假設有兩杯比例溫度完全一樣的調酒材料，無論用什麼攪拌動作、選哪一種冰塊，**只要攪到溫度一樣的時候停，兩杯理論上喝起來味道是一樣的！**因為融出的水分相同（攪拌不像搖盪要考慮搖進酒液的空氣。）

作者用曼哈頓這杯酒做實驗。首先，材料不能分開準備，必須先將兩杯的材料倒在一起，再一分為二力求兩杯的材料是一模一樣的東西。接著用不同的冰塊

分別對兩杯進行攪拌，因為是用溫度針攪拌可以隨時監控溫度。多次實驗結果正如作者所料，當溫度一樣時兩杯的融水量是一樣的，味道也一樣。

難道，美味就是指一個特定的溫度（融水量）嗎？我們曾在活動中多次重現這個實驗，發現只要各種變項控制得宜（尤其大冰或碎冰，都要從冷凍庫取出後馬上使用），用不同的冰塊攪拌真的很難分出差異。

書中有提到曼哈頓[1]這類攪拌法的調酒，用冰塊攪拌的極限低溫是-7℃左右，我們實際嘗試可以到-5℃度（約須攪拌3~4分鐘）。然後作者認為攪拌到0℃左右的溫度最好喝（我們實測約須攪拌40~45秒）。除了調製以上這兩種，我們再加碼調製一個只攪拌15秒的版本，一共三杯。

有趣的事來了，這三杯每次都各有喜愛的同學。攪到-5℃的喝起來超稀迷，威士忌的味道已經消散，但夠冰透心涼，不太能喝酒的同學反而能暢快飲用；只攪15秒的溫度會比冷藏再高溫些，常喝烈酒的同學覺得這樣更夠味；0℃的風味則是介於中間，最多人選。

所以答案就是40秒嗎？不是，就像前面說的，每個人手速還有材料都不一樣，喜好也不一樣。如果您很喜歡攪拌法調酒，**先抓一個標準的材料量、使用相同的冰塊，試著把它攪拌到0°C時停止**，喝喝看，然後再改變停止攪拌的溫度，品嚐差異，記得那個手感、記住那個秒數。過程中不要把成品喝完，啜飲完馬上再試下一個溫度，試著在不同時間點分別去喝喝這幾杯，看哪杯比較「耐放」。

攪拌時會發現，溫度低於0℃後會降很慢。我想0℃好喝的原因，可能是它處於沒有過度稀釋，又達到充分冰鎮與融水的狀態；即使喝得慢一點，升溫後酒精感也不會太強，是個守備範圍廣、安全的選擇。

試著用溫度針攪拌看看吧，就像學騎腳踏車初期會先用輔助輪，當手感越來越好、讀秒越來越準，就放下溫度針、帥氣地說出：「我的馬丁尼，是101圈！」

---

1. 曼哈頓材料條件如下：常溫波本威士忌60ml、冷藏甜香艾酒20ml、常溫苦精1dash、3*3*3製冰機冰塊（表面已有融水）。

飄仙紅茶（Pimm's Tea）

技法：攪拌法

杯具：馬丁尼杯

＝材料＝

50ml 皮姆一號　　　　　　25ml 堤芬紅茶酒

25ml 外交官 12 年蘭姆酒　　1dash 安格式芳香苦精

＝作法＝

‧將所有材料倒入調酒杯，加入冰塊攪拌均勻

‧濾掉冰塊，將酒液倒入已冰鎮的馬丁尼杯

‧噴附柳橙皮油，投入皮捲作爲裝飾

082

如何用軍（菜）刀帥氣地開香檳氣泡酒？

在你決定做這件事之前，請先在YouTube以「Champagne fail」為關鍵字搜尋影片。如果看完前幾個影片你還是有想學的勇氣，我可以跟你說其實它一點也不難。掌握一些訣竅後，甚至可以一滴不漏地開酒。

先來瞭解用刀開香檳能成功的原理：用刀刃快速且略為用力地敲擊瓶口外側的突起時，會破壞瓶口的結構，讓原本就已經被壓縮的軟木塞膨脹，加上瓶內液體二氧化碳的壓力，會瞬間將瓶口斷面並連著軟木塞飛出。

刀開香檳（Sabrage）要成功有幾個訣竅。首先是**充分冰鎮香檳**，二氧化碳在低溫狀態下溶解度較高、狀態也比較穩定。其次是刀開前香檳**不要搖晃**，最好在刀開前插在香檳桶裡，並加入冰塊與水靜置一段時間。刀開需要借助二氧化碳的壓力，但二氧化碳的產生量要越少越好。好的開始讓你已經成功一半了！

在盡可能不搖晃瓶身的狀況下，解開錫箔與金屬環；建議最好將錫箔、瓶頸的貼紙去除乾淨，只留下光滑的瓶頸與軟木塞。接著**以非慣用手持酒瓶呈45度角**，這樣能讓瓶內液體表面積增加以降低壓力。千萬不要垂直或橫拿酒瓶，前者會因壓力過大噴出太多酒液，後者雖然能讓液面表面積更大，但在刀開時會直接流失酒液。

以慣用手持刀柄，刃面貼合瓶頸底端。**刀開最重要的關鍵就是刃面貼合瓶頸**，仔細看那些刀開失敗的影片，都是因為刀刃與瓶頸並未水平貼合，或是直接用砍劈的方式敲擊瓶口，這樣都無法確實對瓶口最脆弱的點進行破壞，反而導致瓶身或瓶頸不規則的大爆炸。

第二個容易失敗的原因就是：出刀前沒握好，刀刃敲擊瓶口時未能提供支撐，讓瓶口突然朝下造成重心不穩；運氣好的話只要回正再出刀一次，運氣不好就直接「溜手」，整瓶請地基主喝。所以說，出刀前請握好酒瓶。

出刀的技巧是，讓刃面貼合瓶頸底部，順著瓶頸往前滑出去（出刀時刃面總是貼合瓶頸），敲擊瓶口外側的突起；要用一點力但不是往死裡出刀，重點是要敲到那個最脆弱的點。

瓶口噴出的瞬間會釋放出大量二氧化碳。由於前置作業很完整，瓶內的酒液相對穩定，不會噴出液體。第一次刀開成功通常會驚呆（多位同學見證經驗），但此時要馬上反應過來，緩慢地將瓶身垂直，完美地完成一滴不漏的刀開。

一開始建議先買一瓶四五百左右的氣泡酒練習，失手或漏酒也比較不會心痛，習慣刀開的手感後就可以在親友的活動中表演啦（請不要對著人或易碎物開）。如果保存狀況不佳（不夠冰或搖晃過）也不要勉強刀開，很容易大量失酒非常掉漆。

如果希望有專人指導練習，我們門市一段時間就會辦一次香檳氣泡酒的活動，除了可以吸收相關知識，也會讓學員每個人實際進行刀開，保證成功唷！

NOTE ☞ 法式七五

法式七五有個美麗的名字，但你知道它其實是法國廣泛用於第一次世界大戰的毀滅性武器嗎？法式七五（French 75）全名是「M1897年式七五釐米砲」（Canon de 75 modèle 1897），是一款輕便、高射速、殺傷力強的野戰砲，到了戰爭後期甚至還用來發射毒氣彈，是法國人心中對抗德國的榮耀象徵。

這個七五釐米砲是法國人的戰爭英雄，以它為名的雞尾酒起源，有個說法是野戰飲料：士兵們撿起發射後的彈殼，將酒調製好後放在裡面飲用。我是不相信啦，裡面裝過生化武器捏，而且生死關頭最好有那個閒情逸致啦！不過烈酒加上碳酸的「重擊」，讓許多人說喝了它就像被大砲打中，酒如其名。

不過法式七五的基酒居然是……英國的琴酒！怎麼不是代表法國的白蘭地呢？其實這杯酒最早的版本稱為Soixante-Quinze（法文60-15之意，加起來就是75），還真是以蘋果白蘭地、琴酒、檸檬汁、紅石榴糖漿組成，而且是以碟型香檳杯飲用，也沒有加入香檳。

即使是被認定為是法式七五創作者的哈利・麥克馮（Harry MacElhone），在他的著作《雞尾酒調製入門》（*ABC of Mixing Cocktails*）中，仍以蘋果白蘭地為基酒，加入少許更具代表性的法國苦艾酒，且仍然沒有香檳，但此時名字已經是阿拉伯數字的75。

1927年，以法式七五為名的雞尾酒有了文獻記載。賈吉二世（Judge Jr.）的著作《乾一杯》（*Here's How*）裡的酒譜，材料已經沒有蘋果白蘭地，但多了香檳、杯型也變成長飲的可林杯，最後還括號註明如果用蘇打水替代香檳，就會變成湯姆可林斯（Tom Collins）。

後來**直調、加冰塊、長飲型**的酒譜逐漸被**搖盪、高腳杯、短飲**的酒譜取代，到了八〇與九〇年代，與香檳形象已密不可分的笛型香檳杯，理所當然的成為調製法式七五的首選，成為我們現在對這杯酒的印象。

對了，法式七五砲雖然是一百多年前誕生的武器，但它的復刻版到現在還在「服役」，在法國的國家慶典中，仍然被當成禮砲使用唷！

法式七五（French 75）

技法：搖盪法
杯具：笛型香檳杯

＝材料＝

45ml 英式倫敦琴酒	15ml 檸檬汁
2tsp 純糖漿	適量 冰鎮香檳

＝作法＝

- 將所有材料倒入雪克杯，加入冰塊搖盪均勻
- 濾掉冰塊，將酒液倒入笛型香檳杯
- 緩慢倒入冰鎮香檳，避免氣泡散失過多
- 噴附檸檬皮油，將皮捲掛於杯口作為裝飾

083 預調調酒一定不好喝嗎？哪些酒適合預調呢？

近年來臺灣有越來越多罐裝調酒上市，無論是在超市或超商都很容易取得。早期只有酸甜水果風味的氣泡系酒款，現在則是多了瓶裝經典調酒，或是經過設計的瓶裝創意調酒，像這種開瓶即飲的調酒稱為RTD（Ready To Drink）Cocktails。礙於製程、保存等條件限制，它們的風味通常難以與現調雞尾酒相比，不過對於懶得調酒的高效醉漢來說，開瓶即飲的確相當吸引人。

在瓶裝與現調之間，這幾年多了一種新的形式是**汲飲調酒**（Draft cocktail），它是指預先將調酒的材料混合，顧客點單後就像拉生啤酒（Draft Beer）那樣將雞尾酒「打」出來。「汲」這字用的真好，因為就像在打水（酒），實際操作時甚至不用調酒師，叫你阿嬤來也是一樣的。

在那之前，預調好的雞尾酒直接放在容器中，很容易發生分層、變質、氧化等變化；早喝的得時鐘，晚喝的中龍眼[1]。在誕生新加坡司令的Long Bar仍未進行「復興」之前，他們就是以預調的方式供應新加坡司令，可想而知評論會有多麼慘烈。拜現代科技之賜，汲飲調酒利用啤酒機的技術供應，已經能提供風味穩定、品質優異的成品。

那對一般人來說，什麼時候會需要預調調酒呢？當然就是外出時不想大包小包帶一堆酒瓶、工具與副材料，希望開瓶就能喝的時候，像露營、唱歌、外宿、戶外趴等活動，High都來不及了哪有時間調酒？

我們不用像汲飲調酒撐上數週，更不用像瓶裝調酒撐好幾個月，調好之後只要這一兩天喝掉就可以了，也因此可以全部使用新鮮材料製作。有些調酒預調後風味不會改變太大，有些則是改變範圍尚可接受，還有一些則是不太適合製作預調。「香甜酒＋軟性飲料」是相對穩定的預調，碳酸飲料會跑氣不優，調果汁次之，茶類和奶類相對穩定。像是D.O.M.綠茶、黑醋栗烏龍、照葉林，以及用密瓜

---

1. 編注：改編自臺語諺語「好運的得時鐘，歹運的得中龍眼」，即（中獎）好壞全憑運氣。

香甜酒蜜多麗（Midori）、咖啡、巧克力、草莓或其他香甜酒調牛奶，我們都很常推薦給客人，這類預調只要混合材料後，放在寶特瓶或玻璃瓶內冷藏，要喝時倒入有冰塊的杯子即可。

馬丁尼、曼哈頓、內格羅尼這類無副材料的酒很適合預調。如果比例酒精濃度夠高，就將它們裝入小型保溫瓶冷凍一兩天，考量現調時融出的水份，酌量加入少量水或冰塊，離開冷凍庫後數小時內都很適飲。如果離開冷凍庫要一段時間才喝，冷凍時就不要加冰塊，要喝之前再加冰塊，稍加搖晃後倒出飲用。

如果能在短時間內喝掉（例如幾小時後的唱歌趴），大受歡迎的熱帶調酒其實也很適合預調（例如本篇的藍色夏威夷）：先將材料混合均勻放在容器冷藏，出發前倒入大容量的保溫瓶，它的好處是能直接當雪克杯，要喝之前投入冰塊蓋起搖盪，有些還附濾網，連隔冰匙都不用帶！

最後是幾個關於預調調酒要注意的地方。

・酒譜材料有用到奶類，要注意是否會有其他材料產生凝結，不然倒出來時會很像……嘔吐物，建議不要使用蛋，因為不容易混合均勻且變質風險很大。

・有用到碳酸飲料的調酒，例如琴費士、莫希托等一樣可以預調，只是要等酒液倒出後再另外補入碳酸飲料。

・冷藏的容器務必盡可能裝滿關緊，最推薦的容器是搖擺瓶或寶特瓶。常溫材料倒入保溫瓶後需要比較長的冷卻時間，建議先冰鎮材料，混合後再倒入。

・飲用時覺得太濃或酸甜度過高，就在飲用者杯中加多一點冰塊，或是在倒出前預先加些水或冰塊搖晃，因此預調時寧可濃一點也不要淡，太淡很難救。

・如果沒有一定要整杯預調完成，只要掌握同類型材料預先混合的原則，預調就會更好保存。以調製長島冰茶預調為例，酸甜汁裝一瓶，烈酒裝另一瓶，調製時只要混合兩種液體即可。

照葉林（照葉樹林）

技法：直調法

杯具：可林杯

＝材料＝

45ml　Bols 綠茶香甜酒

135ml　無糖烏龍茶

＝作法＝

· 將兩種材料倒入杯中，加入冰塊攪拌均勻

*此爲日本調酒師福西英三1980年的作品

藍色夏威夷（Blue Hawaii）

技法：搖盪法

杯具：颶風杯

＝材料＝

45ml 白蘭姆酒　　　　15ml 伏特加

60ml 鳳梨汁　　　　　15ml 藍柑橘香甜酒

15ml 檸檬汁　　　　　2tsp　純糖漿

＝作法＝

· 將所有材料倒入雪克杯，加入冰塊搖盪均勻

· 濾掉冰塊，將酒液倒入放有冰塊的颶風杯

· 以鳳梨片、糖漬櫻桃與鳳梨葉作爲裝飾

084 | 如何用最少的預算
調製最多的經典雞尾酒？

　　如果**只考慮調製經典雞尾酒、不考慮口味方向**，我將對調酒人的採購建議分為六個階段，分別在接下來三節說明。

第一階段：六大基酒

　　剛開始只要入手六大基酒，用它們搭配副材料即可嘗試多款的直調調酒，例如琴酒＋通寧水的琴通寧、伏特加＋葡萄柚汁的鹹狗、蘭姆酒＋可口可樂的自由古巴（Cuba Libre）、龍舌蘭＋柳橙汁的龍舌蘭日出、白蘭地＋薑汁汽水的馬頸，以及威士忌＋蘇打水的威士忌蘇打（Whisky Soda）。

　　這個階段的調酒，大多是以「基酒＋軟性」飲料，再搭配調整酸甜與色澤的材料，像是檸檬汁、糖漿等。有些經典調酒雖然材料很多，但並未用到香甜酒，只要搭配副材料即可調製，以下是幾杯經典推薦：

伏特加：伏特加萊姆（Vodka Lime）、莫斯科騾子（Moscow Mule）、血腥瑪麗、海風、奇奇（Chi-Chi）。

琴酒：粉紅佳人（Pink Lady）、琴費士（Gin Fizz）、南方（Southside）、琴蕾、三葉草俱樂部（Clover Club）、蜜蜂之膝

龍舌蘭：鬥牛士（Matador）、龍舌蘭日出、康奇塔（Conchita）

蘭姆酒：莫希托、黛綺莉、鳳梨可樂達、內華達

威士忌：威士忌可林（Whisky Collins）、薄荷茱莉普（Mint Julep）、威士忌酸酒

白蘭地：白蘭地蛋酒（Brandy Eggnog）、尼可拉斯加（Nikolaschka）

　　這個階段還可以玩的變化是替換基酒，將某杯酒的基酒替換成另一種，例如將莫希托的基酒改為琴酒調製、喝喝看伏特加通寧（Vodka Tonic）等，充分掌握

基酒特性後，對於材料的搭配會更有心得！

第二階段：經典雞尾酒必備材料

有了六大基酒，下一步就是入手經典雞尾酒最常用到的香甜酒，推薦以下六個必備品項：

君度橙酒

肯巴利苦酒

勒薩多黑櫻桃香甜酒

安格式芳香苦精

甜香艾酒－推薦品牌：朵琳紅甜香艾酒（Dolin Rouge）

不甜香艾酒－推薦品牌：諾麗帕不甜香艾酒（Noilly Prat Original Dry）

千萬別小看這六瓶酒，有了它們可以調製的酒會暴增好幾杯！

「基酒＋君度橙酒＋酸＋甜」替換各種基酒就是六杯經典的三合一調酒：

伏特加：神風特攻隊（Kamikaze）

琴酒：白色佳人

蘭姆酒：X.Y.Z.

龍舌蘭：瑪格麗特

威士忌：沉默的第三者（Silent Third）

白蘭地：側車

君度搭配前四款基酒，還能調出最受歡迎的長島冰茶，或其他像是破冰船、床笫之間、柯夢波丹等調酒。

「肯巴利＋香艾酒＋基酒」，能夠調製：

· 內格羅尼

· 花花公子

· 老朋友

· 蘿西塔

搭配其他材料，肯巴利還能調製：

· 美國佬

· 茉莉

· 泡泡（Spumoni）

· 叢林鳥

有了黑櫻桃香甜酒，就能調製：

· 白蘭地／波本庫斯塔（Brandy/Bourbon Crusta）

· 馬丁尼茲

· 海明威黛綺莉

· 雙倍老爸（Papa Doble）

· 瑪莉·畢克馥（Mary Pickford）

· 賭場（Casino）

有了芳香苦精，就能調製古典雞尾酒，如果選柑橘苦精，則會有其他酒譜可嘗試。苦精、甜與不甜香艾酒組合起來，就能調製雞尾酒之王與后──馬丁尼與曼哈頓。

最後是崛起於19世紀末的香艾酒，很多經典調酒都會用到：

· 百萬美元

· 新聞記者（Journalist）

· 日本雞尾酒（Japanese）

· 布朗克斯（Bronx）

· 琴和義

· 阿丁頓（Addington）

· 伏特加馬丁尼（Vodka Martini）

有這12瓶酒能調製的雞尾酒絕對不只這樣，以上只列出比較有名的幾杯，網路上有許多可以用材料搜尋酒譜的網站，找找看還有哪些吧！如果想進一步嘗試更多調酒、瞭解怎麼買酒效益最高，請見〈085 如果想嘗試更多調酒，怎麼買酒最有效益？〉。

三葉草俱樂部這杯酒的起源雖然有不同說法，但可以確定的是酒名來自同名男性俱樂部Clover Club。該俱樂部位於費城的Bellevue-Stratford酒店，成立於1882年，聚集許多律師、銀行家與專業人士。他們固定於每個月的第三個禮拜四進行聚會，一直持續到第一次世界大戰爆發為止。

世紀之交時有個新穎的材料誕生，那就是很多現代人不太喜歡的紅石榴糖漿（有色素又甜，算了吧），但對那時候的人來說，看到這種只要加一點、就能讓飲料呈現粉紅色澤的材料全都驚呆了，調酒師也在此時將它應用於調酒，像傑克蘿絲、新加坡司令都是同期誕生的粉紅酒。

三葉草俱樂部之所以有別於後來發展出的**粉紅佳人**，在於**它使用的是覆盆子糖漿而非紅石榴糖漿**。1909年出版的《調飲－如何混調與侍飲》（*Drinks - How to Mix and Serve*）一書中，甚至還有不甜香艾酒這項材料！

但是後來廣為流傳的酒譜並不包括香艾酒，定調此酒譜的是哈利‧克拉多克在1930年代所著的《薩伏伊調酒大全》，或許是覆盆子糖漿取得較為不易，酒譜也改用紅石榴糖漿替代。

美國禁酒令（1920～1933）結束後，有幾杯雞尾酒被《君子雜誌》（*Esquire*）選為「十大最難喝雞尾酒」，它們是：布朗克斯、亞歷山大、普施咖啡、甜心、橙花、孤挺花、澎澎、奶油費士、粉紅佳人……還有它的好朋友：三葉草俱樂部。或許是當時的醉漢對浴缸琴酒還心有餘悸，以琴酒為基酒的調酒占大多數。

就這樣，三葉草俱樂部沉寂了好幾年（到底跟粉紅佳人有什麼不一樣），直到2008年，調酒師兼酒吧店主的茉莉‧萊納（Julie Reiner）在紐約布魯克林區開了一間以Clover Club為名的酒吧，致力於推廣雞尾酒文化，以古老的酒譜（有香艾酒與覆盆子糖漿），讓這杯酒以原貌重見天日。屬於那個年代的美好風味就這樣回來了，就連七十年前把三葉草俱樂部拿來消遣的《君子雜誌》，都重新刊登這杯酒的酒譜並大加讚揚！

三葉草俱樂部與當時其他酒吧一樣，並不是女性友善的場所，所以這些粉紅色的酒……都是男生在喝的啦！1951年，傑克‧湯森（Jack Townsend）所著的《吧檯手之書》（*The Bartender's Book*）中這樣形容三葉草俱樂部：

The Clover Club drinker is traditionally a gentleman of the pre-Prohibition school.

（傳統上來說，會喝三葉草俱樂部的都是禁酒令前那派的紳士。）

粉紅酒，就是紳士在喝的雞尾酒啦！下次再看到有男生點粉紅色的酒，不要說人家娘，人家是名為紳士的醉漢，懂？

內華達

技法：搖盪法

杯具：馬丁尼杯

＝材料＝

45ml 白蘭姆酒	30ml 葡萄柚汁
15ml 檸檬汁	1tsp 純糖漿

＝作法＝

· 將所有材料倒入雪克杯，加入冰塊搖盪均勻

· 濾掉冰塊，將酒液倒入馬丁尼杯

· 將葡萄柚果乾掛於杯緣作為裝飾

三葉草俱樂部

技法：搖盪法

杯具：淺碟香檳杯

＝材料＝

45ml 英式倫敦琴酒	15ml 檸檬汁
20ml 蛋白液	15ml MONIN 覆盆子糖漿

＝作法＝

· 將所有材料倒入雪克杯，使用奶泡器打勻至液面起泡

· 加入冰塊搖盪均勻，濾掉冰塊再進行 Dry Shake

· 將酒液倒入淺碟香檳杯，灑上乾燥花瓣作為裝飾

085 如果想嘗試更多調酒，
怎麼買酒最有效益？

　　購入六大基酒與前篇推薦的六瓶必備品項，接下來會面對一個尷尬狀況：每多買一瓶香甜酒，都只能再多調一兩杯經典雞尾酒。此時不妨改變策略，買有**很多超簡派調法、大眾化口味的香甜酒**，即使經典雞尾酒用的比較少，也能大量消耗、與朋友一起同樂的品項！

第三階段：超簡派好用香甜酒

B52組合包

- ‧卡魯哇咖啡酒（Kahlúa）
- ‧貝禮詩奶酒
- ‧柑曼怡香甜酒

　　有這三瓶酒不只能調經典漸層酒B52，咖啡酒還能調製：黑、白色俄羅斯、咖啡馬丁尼，Kahlúa官網也有介紹多款創意特調。貝禮詩雖然用到的經典調酒不多，但它非常好調，加鮮奶、咖啡、茶、巧克力或冰淇淋都好喝。柑曼怡也是一種橙酒，用到君度或其他橙酒的酒譜都能嘗試用它替代。

B52組合

卓別林組合

第四階段選酒

卓別林組合包

· 杏桃香甜酒（Apricot Liqueur）

· 野莓琴酒（Sloe Gin）

除了調製卓別林之外，杏桃香甜酒還可以調瓦倫西亞（Valencia）、百慕達玫瑰（Bermuda Rose），野莓琴酒則能調野莓琴費士（Sloe Gin Fizz），之後還能搭配其他香甜酒調好幾杯Slow系列的八〇年代調酒。

櫻桃香甜酒（Cherry Liqueur, Cherry Brandy）：血與沙、婚禮鐘聲，還能爲了挑戰終極魔王——新加坡司令——預先做準備。

黑醋栗香甜酒（Crème de cassis, Cassis Liqueur）：阿爾諾、惡魔、各種基爾調酒，不太會喝酒親友就給他一杯無敵的黑醋栗烏龍吧！

蜜多麗（Midori）：日本拖鞋（Japanese Slipper）、蜜瓜球（Melon Ball）、綠色幻覺（Midori Illusion），它百搭各種副材料：碳酸飲料、鮮奶、乳酸飲品、果汁⋯⋯家裡常備一瓶專攻微型醉漢就對了！

第四階段：六大基酒之外

這個階段推薦入手幾款特殊烈酒，它們雖然不是常見的六大基酒，但各自都能調製風靡全球的經典雞尾酒，以前它們不太好找，但這幾年雞尾酒文化在臺灣快速發展，各自都有不錯的品牌可供挑選！

苦艾酒：推薦法式苦艾酒，並選擇透明或綠色、無特殊口味的經典款。有了它可以調製苦艾酒蘇伊薩斯、苦艾酒芙萊蓓（Absinthe Frappé），有些經典調酒會用到苦艾酒涮杯或少量調味，如果不排斥八角茴香味可以盡早入手。

蘋果白蘭地（Calvados）：蘋果白蘭地能調製傑克蘿絲，天使臉龐（Angel Face）、亡者復甦一號（Corpse Reviver No.1）、王者微笑、落葉（Fallen Leaves）等雞尾酒。

皮斯可（Pisco）：調製經典的皮斯可酸酒（Pisco Sour）、奇利卡諾（Chilcano），加可樂就是超簡派的皮斯可樂（Piscola）。

卡夏莎（Cachaça）：爲了卡琵莉亞（Caipirinha）這杯經典就夠了。巴西當地流行用各種水果搭配調製，做出不同口味的卡琵莉亞，身在水果王國的我們，不跟著試一試嗎？

梅茲卡爾：調製湯米瑪格麗特，或是用它替代龍舌蘭調製經典雞尾酒，如果喜歡它的風味，拿來尻Shot也不錯！

如果依照此順序購入酒款，此時手邊應該有25瓶酒，已經是個能出許多杯經典調酒，也能調製超簡派、大眾口味調酒的小吧檯了，如果還沒棄坑，下一篇讓我們繼續在調酒的偉大航道中前進！

卓別林（Chaplin）

技法：搖盪法
杯具：淺碟香檳杯

＝材料＝

30ml 野莓琴酒　　　　　30ml 杏桃香甜酒
20ml 檸檬汁

＝作法＝

· 將所有材料倒入雪克杯，加入冰塊搖盪均勻
· 濾掉冰塊，將酒液倒入馬丁尼杯
· 噴附柳橙皮油，投入皮捲作爲裝飾

傑克蘿絲（Jack Rose）

技法：搖盪法
杯具：馬丁尼杯

＝材料＝

45ml 布拉德蘋果白蘭地　　　15ml 檸檬汁
15ml 紅石榴糖漿

＝作法＝

· 將所有材料倒入雪克杯，加入冰塊搖盪均勻
· 雙重過濾濾掉冰塊，將酒液倒入馬丁尼杯
· 噴附檸檬皮油，將皮捲掛於杯緣作爲裝飾

086 經典雞尾酒我全都要，接下來該買什麼酒？

第五階段：完成更多經典

本階段建議入手以下八款指定口味或特定品牌的酒，它們都是能完成更多經典雞尾酒的材料。

可可香甜酒（Crème de cacao）：有透明（白色）與黑色兩種，考量運用範圍先選透明的，有了它能調製白蘭地亞歷山大（Brandy Alexander）、絲襪、准將（Commodore）。

藍柑橘香甜酒：調製藍藍的酒就靠它，有了它能調製藍色夏威夷、藍色礁湖、憂鬱星期一（Blue Monday）……以及任何你想讓它變成藍色的經典調酒，像是替換橙酒調製藍色瑪格麗特、亡者復甦「藍」號等。

班尼迪克丁：有了它，終於能調製新加坡司令了，其他像是B&B、蜜月（Honeymoon）、寡婦之吻（Widow's Kiss）、路易斯安那也都能調製。

夏特勒茲（Chartreuse）：阿拉斯加（Alaska）、寶石（Bijou）、臨別一語、白蘭地費克斯，夏特勒茲在調酒的用量不多，想大量消耗推薦套通寧水喝。

多寶力（Dubonnet）：調製多寶力雞尾酒（Dubonnet Cocktail）、歌劇（Opera），它也可以用來替代甜香艾酒（紅），就算不調酒純飲也很好喝。

麗葉酒（Lillet）：可調製二十世紀、亡者復甦二號（Corpse Reviver No.2）、薇絲朋（Vesper），它也跟多寶力一樣很適合純飲。

亞普羅（Aperol）：調製亞普羅之霧、一脫成名、叢林鳥，它本身就是開胃酒，一樣很適合純飲，或是用來替代肯巴利，是一個濃度較低、甜度與苦度也低一點的選擇。

氣泡酒（Sparkling Wine）：雖然很多調酒指定香檳，但考量到香檳價位較高，義大利的Prosecco、西班牙的CAVA是更經濟實惠的選擇，因為調酒可以用其他材料調整甜度，最好選擇濃度較高、不甜的氣泡酒（標示Brut或是Dry）。

開了氣泡酒，就能調製皇家基爾（Royale Kir）、法式七五、航空郵件（Air Mail）、午後之死、老古巴人，剩下的就把它純尻尻掉吧！

第六階段：最後一哩路

到這個階段，基本上是多買一瓶只為了多調一杯經典雞尾酒，剩下的除了超簡派調酒、發揮創意自創調酒，就是搜尋新的酒譜進行調製。

紫羅蘭香甜酒（Crème de Violette）：飛行

吉寶香甜酒（Drambuie）：鏽釘

杏仁香甜酒（Amaretto）：教父

菲內特苦酒（Fernet）：調情（Hanky Panky）

薄荷香甜酒（Crème de Menthe）：綠色蚱蜢（Grasshopper），若選擇白色薄荷香甜酒可調製史汀格

雪莉酒（Jerez）：選Fino可調製竹子，選Oloroso可調製阿多尼斯（Adonis）[1]

波特酒（Port）：咖啡雞尾酒（Coffee Cocktail）

加力安諾茴香酒（Galliano）：哈維撞牆、梭魚（Barracuda）

裴喬氏苦精（Peychaud's Bitters）：大都會、老廣場（Vieux Carré）、路易斯安那、苦艾酒芙萊蓓（Absinthe Frappé）與賽澤瑞克。

蘇茲酒（Suze）：白內格羅尼

以上是建議六個階段的買酒順序。寫完這篇我突然發現，可以回答一個同學常問的問題：如果想調製大部分的雞尾酒，要買多少瓶酒？答案是約50瓶、粗估只要臺幣四萬元左右，比起其他興趣的坑，聽起來好像沒有很深對吧？（招手）

1.編注：Fino與Oloroso為常見雪莉酒陳年類型——前者為生物陳年，後者為氧化陳年。

白內格羅尼（White Negroni）

技法：攪拌法

杯具：古典杯

＝材料＝

30ml 琴酒　　　　　　　30ml 蘇茲酒

30ml 白麗葉酒

＝作法＝

· 將所有材料倒入調酒杯，加入冰塊攪拌均勻

· 濾掉冰塊，將酒液倒入已放入大冰塊的古典杯

· 噴附葡萄柚皮油，投入皮捲作為裝飾

*此為2001年，韋恩・柯林斯（Wayne Collins）在國際酒展Vinexpo上創作的作品。

調情（Hanky Panky）

技法：攪拌法

杯具：馬丁尼杯

＝材料＝

45ml 英式倫敦琴酒　　　　45ml 甜香艾酒

1tsp 勒薩多菲內特苦酒

＝作法＝

· 將所有材料倒入調酒杯，加入冰塊攪拌均勻

· 濾掉冰塊，將酒液倒入已冰鎮的馬丁尼杯

· 噴附柳橙皮油，將皮捲掛於杯緣作為裝飾

087 要如何知道自己調的酒味道「正確」？

接觸調酒一段時間後，這是最多同學會有的疑問。不知道自己調的好不好、對不對，去外面喝覺得跟自己調的不太一樣，但又不知道不一樣在哪。對於一杯酒的好壞不知從何評論，不禁懷疑這樣到底算不算有在進步？

調酒並沒有絕對正確的作法，也沒有所謂「標準」的酒譜，好喝與否更是相當主觀。不過即使是這樣，從活動中同學討論調酒的用字遣詞，還是能多少瞭解一般人評價雞尾酒時，哪些向度是比較常見的。

酒精感

酒精感（酒感）是常見的評論，短飲、高濃度雞尾酒尤其明顯，酒感高的飲用者會下意識放慢飲用速度，從像喝飲料大口喝轉為啜飲。每個人反應酒感的方式不同，不太能喝酒的人可能會說酒辣辣、苦苦的。如果酒感不高，最常見、更直覺的回饋是：「這杯喝起來很順耶！」

同樣一杯酒、相同材料比例，兩個成品卻有明顯的酒感差異，就能作為第一種評論的參考。這並不是說把酒精度弄的越低越好，對喜歡馬丁尼的人來說，如果你把它攪到很稀是不行的，**酒感並不完全是酒精度的差異，而是呈現給飲用者的感受**，不然不會有那麼多人在追求「濃度很高但是喝不出酒味的酒」了。

酸甜平衡

最受歡迎的調酒幾乎都看得到酸味調酒的基本元素，因此酸甜平衡也經常被討論。酸甜並沒有所謂的黃金比例、一定要多少比多少……想想看，酒、糖漿、香甜酒或許可以維持穩定的品質，但檸檬呢？有時酸有時不酸，甚至還有點苦，隨擺放時間不同風味還會變化，追求絕對的比例好像沒有太大意義。

而且有人喜歡酸爆、有人口味偏甜，不太可能有一個酒譜能完美抓住所有人的喜好，因此酸甜平衡可以從兩個地方討論：是否能從當天酸的狀況改變材料比例，以及是否能在飲用者反應酸甜度後於第二杯適當調整。這也是為什麼我們活動進行前的材料測試都以果汁為主，而且第一杯完成後就會請同學自行調整比例的原因——**酸甜的喜好只有自己最知道！**

保留主材料風味

　　調酒經過冰鎮、稀釋並與其他材料混和，材料的風味一定會受到改變，因此有些人評論的向度是「主材料風味保留的程度」，想像一下，用一瓶風味很特別的琴酒調製臨別一語，但最後成品都是瑪拉斯奇諾的味道是不是很悲劇？如果能以其他材料作為襯托，讓琴酒得以展現風味，才不枉費用它來調酒。

融合一體或各自展現

　　關於調製雞尾酒的搖盪與攪拌，有一種看法認為前者藉由劇烈搖盪，打散所有材料讓它們整合成一個全新的風味；後者則是藉由攪拌緩慢融水、精心揉合各種材料，讓成品能保留材料彼此的風味。

　　其實無論是攪拌或搖盪，融合各種材料產生全新的風味，或是調出讓各種材料都能有所展現的一杯酒，兩種評論都很直覺且常見。每次嘗試新調酒前，我們腦中就已經開始想像材料結合的風味，再藉由飲用去印證，重複這樣的過程中也對材料特性越來越瞭解。

　　如何知道自己調的酒味道是「正確的」？嗯……正確比較重要，還是你跟你的朋友覺得好喝比較重要？多找幾個酒譜（和朋友）來練習，如果能瞭解什麼因素會影響酒感、酸甜如何調整，各種材料的特性與拿捏，正確與否還需要在意嗎？

NOTE ☞ **阿爾諾**

有一杯材料與阿爾諾完全相同的調酒，名為巴黎人（Parisian），克拉多

克書中的巴黎人三種材料比例也相同，不同的是以搖盪法調製。現在這兩杯酒的差異已經很模糊，都用攪拌法調製比例也多有變化，反正都跟法國有關就看你喜歡哪個名字啦！

Yvonne Arnaud是出生於法國的演員、鋼琴演奏家、歌唱家，1920年代達到演藝生涯高峰，當時有個英國琴酒品牌Booth's，在酒展會場上以自家琴酒調酒，然後請當時英國最有名的舞臺劇與電影演員選出他們最喜歡的一杯。

其中這杯以琴酒、香艾酒與黑醋栗香甜酒調製的雞尾酒，就是阿爾諾的選擇，於是這杯酒就以阿爾諾為名。阿爾諾對舞台劇的貢獻與影響力深遠，位於英國吉爾福德（Guildford）的劇院也是用她的名字命名。

三種材料比例相同的阿爾諾，對大部分人來說會太甜，推薦兩種調整方式：第一種是增加琴酒並降低黑醋栗香甜酒的比例，第二種是降低琴酒並增加香艾酒的比例。前者喝起來像黑醋栗口味馬丁尼，後者口味會更大眾化，即使回溫也還是很好喝。

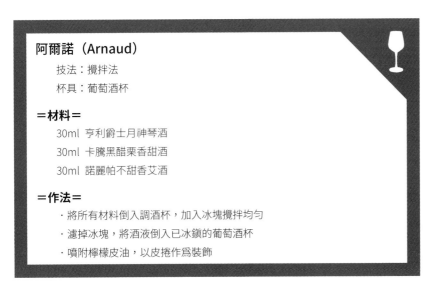

阿爾諾（Arnaud）

技法：攪拌法
杯具：葡萄酒杯

＝材料＝

30ml 亨利爵士月神琴酒
30ml 卡騰黑醋栗香甜酒
30ml 諾麗帕不甜香艾酒

＝作法＝

· 將所有材料倒入調酒杯，加入冰塊攪拌均勻
· 濾掉冰塊，將酒液倒入已冰鎮的葡萄酒杯
· 噴附檸檬皮油，以皮捲作為裝飾

088 | 如何在家裡辦場歡樂調酒趴？

開始接觸調酒後，很多同學會邀請親友到家裡當實驗品同樂，要調什麼酒、怎麼推薦和介紹雞尾酒，才能辦個賓主盡歡的調酒趴呢？

我剛開始接觸調酒時學到最重要的一課，就是對有在喝酒、常接觸雞尾酒的人來說，喜歡的雞尾酒可能有各種類型各種原因，但如果要調酒給不太喝酒或社交型飲酒的人，只要記得一個鐵則：**「好喝的雞尾酒，要越像飲料越好。」**

要辦個歡樂的調酒趴，首先要看參加的對象。開始學調酒的那年除夕，家人要我調酒給大家喝喝看，我很高興的預先寄了很多酒、工具與杯具回家，希望能和家人一起分享這段時間學到的東西。

到了晚上，我先從自己喜歡的側車、瑪格麗特出酒，嬸嬸喝了一口說：「嗯⋯⋯酸酸甜甜的，好喝！」然後⋯⋯剩下的就放到最後，忍痛倒掉，在喝烈酒的爺爺則是說喝不慣酸酸甜甜的酒，直接拒飲。在我介紹馬丁尼與曼哈頓之後好奇而點的堂妹（王與后感覺很厲害），雖然勉強喝完但滿頭問號：「雞尾酒不是濃度都很低嗎？這個要怎麼拿來拐女生？」

隔年，我嘗試調長飲、副材料比例高的調酒，像是琴通寧、藍色夏威夷、鳳梨可樂達等，反應雖然有好一些，但除了莫希托有得到衷心的讚嘆外，其他的都是「嗯，還不錯」、「冰冰的，酒味不重」、「慢慢喝可以喝完」這類評語。

第三年我被阿姨要求調一杯草莓口味的酒，因為沒有準備就只用草莓香甜酒和牛奶攪一攪拿給她，沒想到她喝了一口就薛家燕式地大喊說：「這個真的是太～好～喝～啦！」（有聽到我玻璃心碎裂的聲音嗎），過了不久她又來問有沒有類似的酒，我用蜜多麗如法炮製，很快的兩瓶酒都見底了。

後來我才知道，因為她喝不出來裡面有酒，把後面幾杯都拿給小孩喝，讓他們喝完這杯「草莓牛奶」都呈現微登出狀態。雖然兇手不是我，但那年年夜飯我

還是被長輩罵到臭頭：「為什麼沒有告訴我裡面有酒！」

　　雖然會參加調酒活動的學員沒那麼極端，但也有類似的傾向；我們會從同學的反應（飲用速度、是否喝完等）評估某杯酒的接受度，漸漸發現受歡迎的酒有兩大特色：第一個是酒精濃度不高（12%左右或更低），第二個是即使濃度高也喝不太出來，這兩個標準也成為我們體驗課選酒的原則之一。

　　想辦調酒趴，低酒精濃度的調酒要準備最多，其次是中低濃度且喝不太出酒味的調酒，最後才是有點飲用門檻的短飲型調酒。真的喝酒喝到沒有明天的醉漢其實很少，而且就像生命自會找到出路，他們自會找到酒追，喝到最後不行還能尻一個Shot，不夠，就尻兩個。

適合第一種的調酒類型

香甜酒＋軟性飲料：各種香甜酒搭配鮮奶、茶、果汁等直調雞尾酒。

烈酒＋碳酸飲料：琴通寧、自由古巴、威士忌蘇打、白蘭地霸克（Brandy Buck）、莫斯科騾子。

以香甜酒為基酒的長飲雞尾酒：阿拉巴馬監獄（Alabama Slammer）、亞普羅之霧、泡泡等。

適合第二種的調酒類型

提基雞尾酒：藍色夏威夷、鳳梨可樂達，覺得濃就拉高果汁比例。記得提基酒的本體是小雨傘，一定要放才有儀式感。

莫希托（碎冰調酒）：不一定要用蘭姆酒，各種酒都能試試，沒有薄荷與蘇打水就當調卡琵莉亞（簡單碎冰DIY請看〈032 怎麼做出大又透明的冰塊？〉）。

長島冰茶：對，你沒看錯，正常的長島冰茶其實酒精濃度與葡萄酒差不多，而且熟悉的名字最對味，在臺灣沒有人不認識這杯酒。

霜凍雞尾酒：霜凍調酒最兇猛的就是幾乎喝不出酒味，還能一次大量出酒，辦活動時相當好用，如果搭配新鮮水果或果泥一起打就更無敵了！

酸甜低濃度短飲：像是杏仁酸酒（Amaretto Sour）、卓別林、日本拖

鞋等沒有烈酒（或較少）的短飲，如果拉高副材料比例接受度也很高。

適合第三種的調酒類型

三合一雞尾酒（基酒＋君度＋酸甜）：神風特攻隊、白色佳人、瑪格麗特、側車……如果發現某人喝的有點吃力，就加冰塊變長飲慢慢喝。

甜點雞尾酒：以奶、咖啡、巧克力風味爲主的調酒，搭配杏仁、榛果等各種香甜酒製作，這類調酒即使是短飲酒精感也相對較低，嗜甜者尤其推薦。

高濃度長飲雞尾酒：古典雞尾酒、B&B、內格羅尼（以及各種變體）、黑白俄羅斯等，如果一開始喝不下，邊喝邊攪冰塊融光了酒味也消失，應該能輕易喝完吧！

除了準備調酒材料，千萬不要同一種杯子喝到底，多準備幾種杯型、裝飾物、果雕，讓每杯酒看起來更不一樣，就能大大增添飲用樂趣！

蔓越莓卡琵莉亞（Cranberry Caipirinha）

技法：直調法

杯具：長飲杯

＝材料＝

50ml 卡夏莎 　　　　　　　　　　25ml 檸檬汁

20ml 覆盆子糖漿（或其他莓果類糖漿）　10ml 純蔓越莓汁

＝作法＝

· 杯中放入半滿碎冰，將所有材料倒入攪拌均勻

· 補滿碎冰，以食用花、莓果作爲裝飾

＊國外近年來相當流行各種水果風味的卡琵莉亞，如果選用的水果不方便榨汁，就先將所有材料用果汁機打勻，然後直接倒入裝滿碎冰的杯中再加以攪拌。

第七章

·····················

調酒師，給問嗎？

到了酒吧不知道該如何點酒？有些問題很想問調
酒師又羞於開口？本章收錄了大家對酒吧共同的
疑問，以及調酒師最常被問到的問題，讀完讓
你能更從容的跑吧喝酒，從酒吧與調酒師
吸收更多的雞尾酒知識！

皇后公園希維索

089 爲什麼有些酒吧入口搞得那麼神秘，有卦嗎？

不曉得各位有沒有去過一種酒吧，就是到了地址看到店內裝潢以爲走錯地方、或是根本找不到門、就算有看到門卻不知道怎麼打開？如果不是有來過的朋友帶路，會像個笨蛋站在門口不知道如何是好。

酒吧在哪？推開咖啡廳的員工休息室大門就是了。找不到門？旁邊那個置物櫃打開就會看到了。不知道門怎麼開？旁邊那臺鋼琴的琴鍵給它按下去就對了！這種讓新客人不得其門而入的酒吧設計，就被稱爲Speakeasy[1]。

既然酒吧是合法經營，爲什麼要這樣遮遮掩掩呢？酒吧那麼神秘，不會讓人望之卻步嗎？Speakeasy其實是要向禁酒令時期的酒吧致敬。美國在1920~1933年間實行禁酒令，酒吧不是歇業就是轉爲地下經營，後者爲了避免查緝只好對來客加以過濾，不是熟人帶的、不收；拉開門縫、開個小洞，說出通關密語再讓你進來，第一次來你是客人，第二次你就是我們自己人，轉爲地下化後大家擁有共同的祕密，反而讓雞尾酒文化在禁酒令時期更加蓬勃發展。

禁酒令結束後60年，越來越多古老的雞尾酒書籍再版，屬於那個年代的酒譜與材料重新被檢視與研究，也刮起講究精緻化調酒的風潮，我們現在能在酒吧享用到各式各樣的經典與創意調酒，不可不歸功於這段雞尾酒文化的文藝復興時期。其中一位重要人物——薩莎・彼得拉斯基（Sasha Petraske）1999年在紐約下東區創立了奶與蜜（Milk&Honey）酒吧，裝潢與音樂都環繞著二、三〇年代的氛圍，對於雞尾酒也相當講究，優質酒款、新鮮材料、精緻的手法與呈現，希望能重現雞尾酒黃金年代的經典。

但最讓酒客爲之瘋狂的，是奶與蜜酒吧實在是太神秘了！不要說不知道酒吧地址在哪，就算你能拿到電話號碼，打去可能已經是空號，聊起這間酒吧就像在聊某個都市傳說……如此隱密，就像當年要偷偷摸摸喝酒的Speakeasy。有趣的

---

1. 編注：美國在禁酒令時期，非法銷售飲用酒精飲料的地下酒吧。

是，薩莎接受訪問時表示，他剛開始只是因為不想打擾到鄰居，希望能低調經營，所以盡可能地下化，沒想到大受歡迎的奶與蜜酒吧就這樣陰錯陽差地成為現代Speakeasy始祖。

2005年，奶與蜜酒吧的調酒師山姆·羅斯（Sam Ross），將店內原有的調酒——淘金熱（Gold Rush）加以變化。這是一杯由波本威士忌、檸檬汁與蜂蜜調製的雞尾酒，山姆改以波本威士忌為基酒，使用蜂蜜與薑片煮成的糖漿、最後再以艾雷島威士忌漂浮於酒液表面。

山姆以藥為名，將它命名為盤尼西林，讓這杯酒不只好喝，還有個非常貼近其風味的酒名，搭著現代Speakeasy的復興風潮，不到幾年就成為現代經典雞尾酒（Modern Classic Cocktail）。如果您也是煙燻泥煤味的愛好者，下次去酒吧不妨來一劑盤尼西林，保證可以消除體內的酒蟲！

NOTE ☞ 薑汁蜂蜜糖漿作法

將去皮薑片100g、250ml蜂蜜與250ml水放入鍋中，煮沸後轉小火燜煮5分鐘，放涼後靜置冰箱12小時後取出，濾掉薑片與雜質，放冰箱冷藏保存備用。

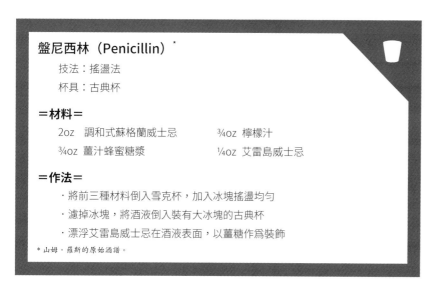

盤尼西林（Penicillin）*

技法：搖盪法
杯具：古典杯

＝材料＝

2oz 調和式蘇格蘭威士忌　　　¾oz 檸檬汁
¾oz 薑汁蜂蜜糖漿　　　　　　¼oz 艾雷島威士忌

＝作法＝

· 將前三種材料倒入雪克杯，加入冰塊搖盪均勻
· 濾掉冰塊，將酒液倒入裝有大冰塊的古典杯
· 漂浮艾雷島威士忌在酒液表面，以薑糖作為裝飾

* 山姆·羅斯的原始酒譜。

090 點什麼酒能讓自己看起來更專業

「點什麼酒能讓自己看起來很會、很懂？有品味？」是很多剛開始接觸酒吧的新醉漢會有的疑問。不要看起來很菜被服務生或調酒師白眼，該怎麼點酒呢？

其實，**喝酒何必這麼累呢？就點自己喜歡的吧**，哪怕只認得長島冰茶與莫希托（這兩杯可能是最多臺灣人認識的雞尾酒），到處喝喝不同調酒師的作品也不錯，何必勉強自己去點一些看起來很有品味，但其實接受度不高的調酒呢？不過有一種點酒法可以推薦給大家。假設你有一個晚上喝三到四杯雞尾酒也不會登出的酒量，可以改成用「類型」的方式來點雞尾酒。

第一杯選碳酸、開胃、低酒精濃度、喝起來輕鬆無負擔的酒，像是琴通寧、泡泡、莫斯科騾子、莫希托或亞普羅之霧（如果店家有提供，這杯推薦必點）。

第二杯選中高濃度的酸甜短飲，像是瑪格麗特、白色佳人、側車這類以「烈酒＋橙酒＋酸甜」為結構的三合一調酒，或是更單純的琴蕾與黛綺莉。不排斥蛋調酒推薦選三葉草俱樂部與皮斯可酸酒，如果喜歡威士忌，血與沙和盤尼西林這兩杯常常能在不同酒吧嚐到驚喜。

第三杯選攪拌短飲，喜歡琴酒就馬丁尼、阿拉斯加，喜歡威士忌就曼哈頓、古典雞尾酒或賽澤瑞克，如果能喝點苦，當然就是內格羅尼啦。

如果當天還能多點一杯，就在三杯間穿插一杯熱帶調酒，使用新鮮果汁調製的成品通常會很不錯，邁泰、鳳梨可樂達與蘭姆水上漂，都是不錯的選擇。

嗜甜的醉漢不妨考慮選甜點酒，綠色蚱蜢、白蘭地亞歷山大或巧克力馬丁尼（Choco-Martini），如果有以咖啡為材料的雞尾酒，千萬不要錯過啦！

以上幾杯只是不同類型的推薦，選的是調酒師一定聽過也會做的知名雞尾酒，如果酒單上有類似品項、或是與調酒師溝通良好，選擇其實超級多。這種點法的好處是可以喝到多杯口味反差大的酒款，也能觀察不同調酒師特定類型調酒

的選酒與材料比例，對於學調酒的人來說幫助很大。

NOTE ☞ **血與沙**

這杯酒的創作者與發源地已不可考，但血與沙這個名字的起源卻相當明確。血與沙最早出現於哈利・克拉多克在1930年出版的《薩伏伊調酒大全》，但一般認為這杯酒的起源應該更早，克拉多克只是命名並編列於書中而已，書中也未提及它的創作者是誰。

1922年，魯道夫・范倫鐵諾（Rudolph Valentino）主演的電影《血與沙》（*Blood and Sand*），劇情改編自1908年西班牙小說家文森特・布拉斯科・伊巴涅茲（Vicente Blasco Ibáñez）的同名小說，電影大受歡迎，也讓這杯同名雞尾酒也隨之誕生～

血與沙的誕生地應該是歐洲而非美國，主要原因是它起源的時間是美國禁酒令時期，而且首次收錄它的調酒書出版於歐洲。還有，血與沙描繪的是西班牙當時的歷史背景，引起的是當地人廣大迴響，而且這杯酒指定使用蘇格蘭威士忌，而不是常見的波本或裸麥威士忌。

威士忌與柳橙汁，像鬥牛場上不時揚起的黃沙；櫻桃酒與香艾酒，是鬥牛士與鬥牛濺灑的鮮血，象徵故事的主人公、鬥牛、元配與小三，四個環節的愛恨糾葛，四種材料的完美融合，對小說與電影致上無限的敬意。棕褐色的酒液，就像結局躺臥在血泊中的主角，鮮血與黃沙混在一起的顏色，這杯酒，無論是名字還是材料都很有哏啊！

血與沙（Blood & Sand）

技法：搖盪法

杯具：古典杯

＝材料＝

30ml 白馬蘇格蘭調和式威士忌　　20ml 勒薩多莫拉克之血櫻桃香甜酒

20ml 朵琳甜香艾酒　　　　　　　30ml 柳橙汁

2tsp 艾雷島威士忌

＝作法＝

・將所有材料倒入雪克杯，加入冰塊搖盪均勻

・濾掉冰塊，將酒液倒入裝有大冰塊的古典杯

・以柳橙片、酒漬櫻桃作為裝飾

091

在酒吧可以點
酒單上沒有的東西嗎？

調酒師和酒客經常陷入一種困境。當調酒師問今天想喝什麼，不太熟調酒的酒客往往說不出來。接著調酒師會有以下提問──喜歡哪種基酒？酒客回：「不確定。」喜歡什麼風格？「都可以。」酸酸甜甜的好嗎？「應該OK。」那要不要喝我們推薦的特調？「好。」

當酒客下次到別間酒吧，想回味這杯酒說出酒名（或根本說不出名字），調酒師一聽就知道是店家特調，但沒有酒譜不知道怎麼調製，那……要不要喝我們推薦的特調？就這樣，店家面對大量不熟經典雞尾酒又沒有特定喜好的客人，不如就主推特調──有SOP與大量調製經驗，口味又相對安全不容易被打槍。有些酒吧甚至沒有將經典雞尾酒列上酒單，反正懂的你自己會來問。

另一種狀況是這樣，酒客可能認識幾杯經典雞尾酒，但到了新酒吧翻了翻酒單找不到，酒單上有的酒都不認識，想點酒單上沒有的酒又不好意思，這時就會好奇：在酒吧，究竟可不可以點酒單上沒有的東西呢？

在我的經驗裡，除非店家有特殊規定或狀況，大部分酒吧都可以點酒單上沒有的酒。印象中我只有兩次被拒絕的經驗，一次是防疫稍微鬆綁的期間，店家以備料不足為由告知僅提供酒單上的酒；一次是店內規定資淺調酒師不能出酒單以外的酒。但只要反向思考：如果解封、如果資深調酒師有上班，是不是一樣可以點酒單上以外的酒呢？

如果不確定能不能點酒單以外的調酒，禮貌性地問問也無妨啊～說不定調酒師還會因為你很清楚要喝什麼感到高興呢！

NOTE ☞ 卡騰香甜酒

在生產多口味香甜酒的品牌中，我最喜歡的就是約瑟夫‧卡騰（Joseph Cartron）。這個經營橫跨五個世紀的品牌起源於1882年，原本是間法國

勃根地的在地小酒廠，生產各式各樣的飲料與酒類。創辦人結合在地名產黑醋栗，首創Double crème de cassis，這種加倍黑醋栗濃度的香甜酒風味濃郁又好喝，讓酒廠一炮而紅，時至今日仍不斷推出新口味，並持續由卡騰家族經營中。

前幾年臺灣引進了三款卡騰的茶類香甜酒，它們分別是瑪黛茶、南非國寶茶與煙燻紅茶，標榜特殊萃取茶葉風味的技術，讓酒茶味香濃卻不澀口，甜度低甚至可以純飲，瓶內還有茶葉殘留更添真實感，我們以這三瓶茶香甜酒辦過數次活動，也大受同學好評，如果您也是茶酒控一定要試一試呀（露胸肌）。

在三種口味中，最特別的就是煙燻紅茶這款，它與我們印象中大吉嶺、伯爵茶那種典型的紅茶風味不同，它是用一種名為正山小種（怎麼很像在罵髒話）的紅茶製作。這種茶葉製作時會用雲杉木煙燻，乾燥過程中還加入茉莉花，因為對這種茶不熟，第一次喝到這瓶酒的感覺……讓我想到木魚與檀香，一開始不太能接受，而且調酒也不知道怎麼運用。

後來我們發現它最好用的就是兌烈酒攪拌，和威士忌、蘭姆酒等棕色烈酒都很搭，會讓酒有個淡淡的茶香與煙燻味，適當的甜度讓烈酒更容易入口，只是這樣喝實在是太沒有明天，重型醉漢很愛但一般人不太行。

有一次試卡騰茶調酒時，剛好有同事帶楊桃汁來上班，我們想說什麼果汁都試過了，楊桃汁又有何不可？沒想到這一加，發現煙燻味與楊桃汁意外合拍，再加點檸檬汁平衡甜度、梅酒增添風味，就完成了這款黑面蔡調酒，裝飾的梅子會讓酒的口味慢慢產生變化，是一款濃度低，但充滿飲用樂趣的一杯酒。

黑面蔡（Hei mien tsai）

技法：直調法

杯具：司令杯

＝材料＝

45ml 卡騰煙燻紅茶香甜酒 　　10ml 日本梅酒

10ml 檸檬汁 　　60ml 罐裝楊桃汁

＝作法＝

· 製作梅子粉口杯

· 杯中放入冰塊，將所有材料倒入攪拌均勻

· 投入梅乾作為裝飾

092 | Infuse酒？那是什麼？

　　您有沒有在酒吧聽調酒師介紹材料時，說「這是我們自己Infuse的XX酒」？Infuse？其實就是自行浸泡材料製作特殊風味的酒，像是〈009 萊姆酒／蘭姆酒，到底怎麼唸？〉介紹的Limoncello，本質上也屬於Infuse酒，浸泡的是檸檬皮，而**〈028 酒漬櫻桃怎麼做？〉**裡提到的醃漬液，也可以當成調酒材料用。

　　Infuse酒雖然坊間到處可見且行之有年（阿伯的土龍酒、阿嬤的梅酒都算是），但卻是這幾年才開始在酒吧流行——調酒師用預先浸泡材料的酒，加上其他材料進行調製後出酒給客人。2018年，因為有人檢舉此行為涉嫌產製酒品販售、引發爭論，才讓Infuse酒更讓酒客所熟知。

　　在臺灣，如果自己釀酒喝，沒有販賣的行為、成品也不要多到太誇張，基本上是合法的行為，也不用另外申請執照。但「製酒」的定義其實有點模糊，從作物、發酵、蒸餾、調味都自己來，是製酒，那調酒前事先浸泡材料，算不算是製酒呢？

　　其實這就是跟不上時代的法規，立法當時可能還沒想到，調酒本身就是對酒類進行加工、販售給客人飲用的行為。如果浸泡橙皮三天、製作橙皮酒用於調酒是違法的，那我最後花一秒噴附皮油在酒裡的行為，難道就是合法的嗎？

　　後來政府相關單位做出解釋，如果調酒是即調即飲（在店裡現調現喝的意思）、也符合相關衛生規範，用Infuse酒製作調酒是可以的，終於讓這個爭論有了解套，讓我們能在酒吧，喝到各種以Infuse酒製作的調酒。

　　為什麼要Infuse酒？假設你想要喝某種風味的酒，但是找不到市售品項，或是對現有的品項不滿意（味道不夠或不自然），這時候不妨試著自己泡泡看。

　　那浸泡酒有哪些變項是會影響結果的呢？

酒精度

浸泡的基酒酒精濃度越高,理論上能萃出的風味就越多,介紹Limoncello時就是使用酒精濃度高達96%的生命之水伏特加,即使兌1:1的糖漿,放冷凍庫仍然不會結凍,如果擔心太濃會喝不下去,最後都可以兌水或糖漿調整。

接觸表面積

材料與基酒接觸的表面積越大,萃取風味的速度就越快,像是粉狀茶包的速度會比茶葉快,浸泡梅酒時會在梅子上劃刀或戳洞,都是為了增加接觸表面積。但並不是接觸表面積越大越好,例如在浸泡時將水果切片或剁丁,雖然速度會超快,但酒液容易混濁看起來髒髒的,事後也不易過濾。

浸泡酒就是需要點儀式感的作法。想想看,將肉桂粉放過濾袋裡浸泡,跟直接浸泡幾根完整的肉桂棒在裡面,哪個看起來比較像肉桂酒?哪個會讓你喝的時候更有「肉桂」的感覺呢?

材料特性與浸泡時間

辣椒、茶不用一小時就能泡出極強的風味,甚至根本不用封瓶,只要每幾分鐘就攪拌一下試味道,覺得辣度夠、茶味夠就能過濾裝瓶。茶的用量要比平常多4~5倍,原本一包泡300ml的水,就改成五包泡300ml的酒,縮短浸泡時間,在苦味出現之前萃取出更多茶香。

乾燥辛香料像肉桂、丁香、八角、茴香、香草、咖啡豆等材料範圍較廣,半天到三天都有可能,最好的方法就是不定期的去搖晃它,一天試個兩次決定何時過濾裝瓶。切片新鮮蔬果、葉片也是相同的處理方式。

整顆完整、軟質的水果(例如草莓、藍莓)約需要浸泡一週,若是蘋果、梅子、李子比較硬質的水果,浸泡的時間就要更久了。如果浸泡再久風味都沒有什麼變化,或是泡久反而出現怪味或顏色變化,建議直接改變固液比,用更多的材料去浸泡,用量越大時間就越短。

溫度

　　大部分的浸泡酒都是陰涼處保存即可，但最近舒肥機的流行，讓Infuse酒多了另一種製作選擇：放在真空袋（或抽出大部分空氣）中加熱，短時間內萃出材料的味道，味道也不會因為高溫跑掉，而且透過加熱這道程序，甚至能讓蔬果類的Infuse酒，比較不會因為放久產生顏色的變化。

酒類選擇

　　大部分的人建議食用酒精、伏特加、米酒頭或是高粱等白色烈酒進行製作；前兩者是因為不希望酒種影響到風味，後兩者本身能提供很強的香氣。但我建議只要選你喜歡的酒嘗試就對了，威士忌梅酒不好嗎？鳳梨蘭姆酒、咖啡波本都很好喝捏！

　　以上說了那麼多，製作Infuse酒只有一個重點：**嘗試**。味道不夠？增加材料、提高酒精度是暴力作法，延長浸泡時間、增加接觸面是緩和作法；三不五時就去喝喝看，在你覺得最完美的狀態，過濾裝瓶。

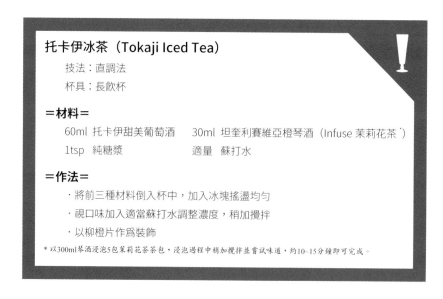

托卡伊冰茶（Tokaji Iced Tea）

　　技法：直調法
　　杯具：長飲杯

＝**材料**＝
　　60ml 托卡伊甜美葡萄酒　　30ml 坦奎利賽維亞橙琴酒（Infuse 茉莉花茶）
　　1tsp 純糖漿　　　　　　　適量 蘇打水

＝**作法**＝
　　・將前三種材料倒入杯中，加入冰塊搖溫均勻
　　・視口味加入適當蘇打水調整濃度，稍加攪拌
　　・以柳橙片作為裝飾

＊以300ml琴酒浸泡5包茉莉花茶茶包，浸泡過程中稍加攪拌並嘗試味道，約10~15分鐘即可完成。

093 爲什麼熱的調酒這麼少？

經常有同學（通常是女同學）會問這個問題。即使是「去冰」的短飲雞尾酒，還是以低溫的狀態飲用。喝熱的不好嗎？爲什麼熱的調酒那麼少？

因爲我不喝常溫（含）以上的飲料，也不相信喝冰會傷身這件事，聽到去冰需求或類似問題很容易微生氣，如果能發自內心回答我應該會說：「早知喝酒傷身難免的，何必在意那一點點冰塊？[1]」而且還要模仿陳淑樺唱給她聽。但修養好如我，當然不可能真的這麼做（強作鎮定貌）。

其實答案很簡單，「因爲冰的比較好喝呀！」這世界上大部分的酒幾乎都是低溫飲用，即使沒有冷藏、冷凍或加冰塊，至少也是常溫不會特別去加熱。能想到可以熱飲、常見的酒大概只有日本酒了。

威士忌可以爲了加多少水品飲吵翻天，葡萄酒依不同種類有不同的飲用溫度，但從來不會有一個大師告訴你，要熱飲葡萄酒或威士忌；您可能會想到熱紅酒或是溫酒斬華雄來反駁，但想想看，我們多久喝一次熱紅酒？華雄可以這樣斬了又斬斬了又斬嗎[2]？大部分的時間裡，我們幾乎都是飲用常溫以下的酒款。

從百餘年前的調酒書，到現在最新的現代雞尾酒書，也鮮少出現熱調酒。如果熱調酒真的好喝，爲什麼酒譜還是那麼少？連無酒精酒吧都有了，爲什麼就是沒有專門出熱調酒酒吧呢？

不只是冰的比較好喝，**酸與甜**也會讓酒比較容易入喉，換句話說就是降低酒精刺激性。爲什麼大部分特調都是**酸酸甜甜冰冰涼涼好喝又帶有水果風味**？因爲這就是大部分人的喜好。馬丁尼？算了吧！那是沒有明天的人在喝ㄅ。

---

1. 編注：改編自陳淑樺，〈夢醒時分〉，滾石唱片，1989年11月2日。
2. 編注：引自《三國演義》中的「關羽溫酒斬華雄」典故。

但我們也能從善如流啦，包場活動常有客人選熱調酒，總不能每個都對他唱〈夢醒時分〉吧？如果客人沒特別的想法，我通常會推薦以下這杯熱奶油蘭姆。

熱奶油蘭姆（Hot Buttered Rum）

技法：直調法

杯具：古典杯

＝材料＝

60ml　哈瓦那俱樂部 7 年蘭姆酒　　15ml　龍眼蜜

1dash　香草苦精　　　　　　　　　1 片　　無鹽奶油切片（厚度約一公分）

適量　肉桂粉、豆蔻粉、沸水＊

＝作法＝

- 杯中放入奶油切片，倒入龍眼蜜、苦精與香料粉
- 用搗棒將材料研磨至泥狀（顏色與質地均勻）
- 倒入蘭姆酒後，一邊倒入熱水一邊攪拌
- 以肉桂棒作為裝飾

＊ 調整熱水用量，找到喜歡的酒精濃度與溫度。

094 | 爲什麼有些酒吧不收團客？

您是否曾在酒吧的訂位規則上看到「不收N人以上的團體客人」，奇怪客人越多不是收入越多，為什麼有酒吧不收團客呢？

最主要的原因就是：怕吵。人一多就難以控制音量，加上有些店家沒有座位區只有吧檯的位置，當團客全部肩並肩坐在一起，想要對話難免就會比較大聲，而且人多比較容易High起來，很有可能影響到其他客人。

有些店家不收團客的原因是擔心服務不周。如果一行人到了酒吧，調酒師一個個確認點單就需要一段時間；如果一杯一杯出，很有可能我的酒已經喝完了但是你的酒還沒到；如果全部一起上，先做好的酒就會放的比較久。有些老闆就是調酒師的一人酒吧，確實也比較難接待團客。

店家不收團客可能還有其他考量，總之千萬不要用不同名字訂位再到現場「合體」，這是極為白目的行為。與其他餐飲業一樣，有些行為到哪裡都很不可取：No Show或臨時少人、大聲吵鬧、破壞場地等。

如果要說酒吧比較不一樣的地方，我有加入一個調酒從業人員的臉書社團，性質有點像「靠北客人」，以下是裡面最常出現的抱怨。

第一種是亂碰東西。吧檯不像廚房，有些工具、飾品、杯具與酒瓶等材料可能會放在客人拿得到的地方，最常見的抱怨就是在未經同意下去拿這些東西。

第二種是不懂裝懂。這種常見於男生攜女伴的組合，為了炫耀自己的酒類知識滔滔不絕，重點是講的內容還是錯的，這種在調酒師眼中真的是當笑話在看（Google **龍家Gin** 試試看）。

第三種是不確定自己要喝什麼，但怎麼推薦怎麼打槍調酒師，或是堅持很奇怪的要求（無糖、去冰、加烈、點火或根本不知所云），有些調酒師很好願意配

合，更慘的是配合完還被嫌，如果是第三種結合第二種的客人，真的是災難中的災難。

第四種是凹免費，例如說自己是壽星或是有其他理由，其實店家會請你喝就會請你喝，根本連凹都不用凹啊！

有些酒吧還會有其他規定，像是有服裝限制、禁止搭訕、低消、嘔吐清潔費，出發或訂位前最好先瞭解一下，畢竟喝酒是喝開心的，不要為難店家也讓自己難堪。

YouTube上有個系列影片「調酒師討厭尼」（**The Bartender Hates You**），內容雖然有點誇大但有些還蠻真實、蠻好笑的，推薦給各位。

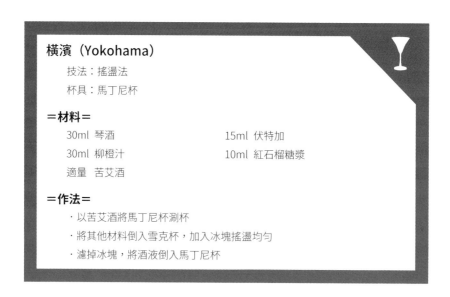

橫濱（Yokohama）

技法：搖盪法

杯具：馬丁尼杯

＝材料＝

30ml 琴酒   15ml 伏特加

30ml 柳橙汁   10ml 紅石榴糖漿

適量 苦艾酒

＝作法＝

· 以苦艾酒將馬丁尼杯涮杯

· 將其他材料倒入雪克杯，加入冰塊搖盪均勻

· 濾掉冰塊，將酒液倒入馬丁尼杯

095 | 調酒師要考證照嗎？

如果考證照是因為想找調酒師工作可能幫助不大，這點無論是搜尋訪問或實際與店主或主吧（一間店的首席調酒師）討論，都會有類似的結論。就算有了考試內容所有的知識與技術，進到一間店沒有實務經驗，通常還是從頭學起。

目前臺灣由政府認證，與調酒師最有關的證照是「飲料調製乙級技術士」，考試內容分為學科與術科。其中，學科只要用「調酒乙級學科」搜尋就能找到線上題庫，有點像考駕照的題目，分成幾個種類，有單選有複選。

因為考試學科都有所謂的標準答案，我有一次無聊實際去玩線上題庫，出來的成績慘不忍睹（10題會錯2~3題）。除了不知道答案或需要硬背的題目，有些錯的是有問題的題目，舉例來說，第一題組「飲務作業」有一題複選是這樣：

> **下列何者是無色透明的酒？**
>
> ❶ Tequila Reposado ❷ Absinthe ❸ Aquavit ❹ Grappa

標準答案是❸❹，但出題者可能不知道，❷雖然被暱稱為綠仙子，但各品牌卻有很多推出的是無色、紅色甚至是黑色的品項，而❸❹現在有琥珀色的陳年版本。換句話說，這題根本沒有答案可選！

在「酒單設計」裡有一題是這樣：

> **酒單設計時，應優先考慮**
>
> ❶ 品味取向、高價為主 ❷ 堅守調酒員手藝與個人理念
>
> ❸ 堅守專業，謹守傳統 ❹ 名符其實、物有所值

這……這要人怎麼選啊？❶我就假掰網美店不行嗎？❷我手藝好堅守不行嗎

不爽不要來！（拉麵店老闆語氣）❸專業錯了嗎？傳統錯了嗎？結果正確答案是……❹，名字不能太有創意價格還不能賣太貴，這題也未免太價值判斷了吧？

在「現場管理」裡有一題是這樣：

人的舌頭味覺分布是

❶ 舌尖酸兩邊甜舌根苦　❷ 舌尖苦兩邊甜舌根酸

❸ 舌尖甜兩邊苦舌根酸　❹ 舌尖甜兩邊酸、澀，舌根苦……

先不說這是一個已經被拋棄的理論，它跟現場管理到底有什麼關係？坊間許多針對乙級撰寫的書籍多以考試為目的，並不是一個系統化瞭解調酒的方式，如果硬記這些東西而且還很堅持，恐怕是離實務會越來越遠。

那麼術科[1]呢？可以學108杯調酒耶！補習班會幫學員備齊所有材料，因為術科除了調酒，還有聞酒猜酒的題目。用真材料調酒的補習班，練習完的調酒還能喝掉，動作的問題也有講師指導協助，感覺相當划算。

但餐飲的術科考試都有個問題，不在意成品好不好喝，只看你做得對不對。就像考駕照壓線扣幾分、重大失誤直接不及格，調酒術科考試也一樣，果雕太厚扣幾分、猜酒時硬喝直接失格……評審只看這個根本不會去喝作品！

有些調酒可能連撰寫酒譜的人都沒喝過，舉例來說，有杯名為White Stinger（酒名翻譯為白醉漢，我超問號）的酒譜是：45ml伏特加＋15ml白薄荷酒＋15ml白可可酒，先不要講太甜的問題，15ml薄荷會讓成品像巧克力牙膏啊！

證照補習班或社區大學的途徑，就像去學髮型設計時，講師卻一直教你吹半屏山頭，雖然離流行與業界現況很遙遠，但在你什麼都沒有的時候，能夠用比較沒壓力的方式接觸工具與知識。正所謂師父領進門修行在個人，有興趣就是自己進一步研究啦。

想當調酒師，找間店從頭學起是最好的方法，但想證明自己曾系統化地學習一門學問，考個證照掛起來也不錯，偶爾還可以拿來嗆，反正一般人也不知道！

---

1. 術科分為三部分：聞酒猜酒、吧檯設置與切果雕，還有雞尾酒抽題調製。

神風特攻隊（Kamikaze）

技法：搖盪法

杯具：馬丁尼杯

＝材料＝

45ml 伏特加　　　　　15ml 君度橙酒

15ml 檸檬汁　　　　　10ml 純糖漿

＝作法＝

．將前三種材料倒入雪克杯，加入冰塊搖盪均勻

．雙重過濾濾掉冰塊，將酒液倒入馬丁尼杯

096 | 調酒師為什麼要拿根棒子像在鑽木取火？

您是否曾在酒吧看到調酒師拿著一根細長的木棒，插入酒杯做出類似鑽木取火的動作？這個動作到底是在做什麼？這個工具的名字又是什麼？

這個工具叫作Swizzle stick（攪拌棒）。Swizzle同時也是指調酒的一種類型，通常含有大量的碎冰：由於碎冰融的快，容易在底部形成融水並與上半部材料分離，加上裡面可能含有水果、糖漿等材料，利用這種有數個「爪子」的工具快速旋轉，就能有效率地把材料攪拌均勻，這種技法也被稱為Swizzling。

用於製作這種攪拌棒的材料可不是普通的材料，必須用產於加勒比海群島一種名為*Quararibea turbinata*的樹。因為這種樹有著分叉的樹枝，很早就被當地人拿來當作料理的攪拌工具，也因此又被稱為Swizzle Stick Tree，是一個從樹上就可以摘到打蛋器的概念。

可惜的是，現代攪拌棒大多是以塑料、金屬或加工的木頭製作，畢竟我們不是住在加勒比海、攪拌棒不能用一兩次就丟。據說真正的Swizzle stick在攪拌時，樹皮會因為磨損釋放出天然的草本香氣與苦味，讓調酒的層次更加豐富，現在許多Swizzle調酒會另外加入苦精，或許就是為了彌補這「欠一味」的遺憾。

是說，Swizzle一詞從何而來？有理論認為它是由Switchel與Fizz兩個字組成。前者是一種混合生薑、醋、檸檬、蜂蜜的飲料，它是北美殖民地最喜歡的夏日飲品，因為生薑被認為可以殺菌，在那個喝水比喝酒危險的年代大受歡迎；後者就是我們熟悉的費士調酒，如果沒有特別指定，通常是以琴酒為基底。

第二個說法比較有趣，Swizzle由Swill與Guzzle組成，這兩字都有狂飲、牛飲的意思。而且，前者還有餵豬的ㄆㄨㄣ、後者還有代表喝酒噴掉的錢之意，所以Swizzle這個字也可以指稱過量飲酒的行為，感覺好像牛飲很雷的東西還噴掉很多錢，這個說法讓人不是這麼想喝。順帶一提，有一種直接插在酒瓶瓶口、一次屁

完整瓶用的杯子，就被稱為Guzzle Buddy（酗酒好幫手）。

　　Swizzle的起源已不可考，但作家亞歷山大・沃（Alexander Waugh）在1924年，宣稱是全球第一場正式的雞尾酒會中供應了蘭姆希維索（Rum Swizzle）這款調酒，特殊工具加上濃厚的加勒比海風味，很快就開始在全球流行起來，而蘭姆希維索也被百慕達指定為「國酒」，成為極具代表性的提基調酒之一。

　　沒有Swizzle stick怎麼辦？其實有人認為它只是增添儀式感的道具，可以用其他工具替代，像是直接搓吧匙也能有類似效果（細長杯身），如果要更有效率……試試看小隻的打蛋器吧！

　　20世紀初，歐洲皇室飲用香檳時，會刻意使用攪拌器攪散氣泡（雖然說喝香檳的樂趣之一就是那冉冉上升的氣泡，但在社交場合猛打嗝畢竟不是一件有禮貌的事），這種攪拌工具稱為Champagne Swizzle，近代復刻後現在大多當成調酒的Swizzle stick使用，許多精品名牌都有推出單價極高的品項。

皇后公園希維索（Queen's Park Swizzle）

技法：直調法
杯具：長飲杯

＝材料＝

60ml 史基普德瑪拉拉深色蘭姆酒　　30ml　檸檬汁

30ml 德瑪拉拉糖漿 *　　　　　　　2dash　裴喬氏芳香苦精

12 片 薄荷葉

＝作法＝

・將苦精以外的材料倒入杯中，加入八分滿碎冰

・劇烈攪拌所有材料後，補滿碎冰

・酒液表面灑上苦精，輕拍一株薄荷葉置頂裝飾

＊ 將德瑪拉拉糖與水以1：1的比例煮成的糖漿。

＊ 發源於千里達及托巴哥，首都西班牙港的皇后公園酒店。

097 | 問Bartender酒譜
是一件不禮貌的事嗎？

完全不會，樂於分享的調酒師多的是，甚至還會跟你說調製心得哩。

有些調酒比賽包含網路票選以及按讚分享的項目，有接觸酒的朋友在比賽期間一定會被調酒師各種創意調酒「洗版」，包含用了什麼材料、調製方式，以及創意的發想（兒時回憶、飲食經驗、模擬風味等），有些只寫出材料，有些連ml數都會詳列。

即使是經典調酒也不是祕密。傳統調酒比賽中，有個標準動作就是要秀酒標給觀眾看，調酒師倒酒時也會將酒標面向前方，讓客人知道現在加的是什麼。如果沒有加額外或自製的材料，材料是什麼、怎麼調其實很明顯。

但酒譜就跟食譜一樣，即使知道完整作法，不同人做出來的東西就是不一樣，就像阿母認真教我做的料理，我自己做總是覺得欠一味。有些人說是有沒有用「心」的差別、有些人說是經驗差異、陰謀論者會覺得應該是師傅藏了一手！

調酒與料理不同的是，料理能從菜名知道食材與口味，但調酒名字千奇百怪。所以酒吧的酒單，列出特調（Signature）同時通常會列出用了什麼材料，避免客人喝到不喜歡的風味，特調雞尾酒調酒師更是樂於分享。要介紹本店的特色，能不詳細用心嗎？

那……會不會遇到將酒譜視為祕密、不想分享的調酒師呢？我自己是沒遇過啦……如果真的遇到了，就把喝出裡面的材料當成一種挑戰吧！

NOTE 👉 酸甜汁

調酒最常用的材料是酸與甜，如果一個晚上要用到好幾次，為什麼不先把兩者預調好呢？酸甜汁，英文稱為Sweet and Sour Mix或簡稱Sour Mix，指的是以檸檬、萊姆等酸味水果榨汁，再加入糖漿預調的液體。由於各

店家調製的酸甜汁並不一樣，有些人稱它為Bar Mix，除了店家自製的Bar Mix，市面上也買得到罐裝的酸甜汁。

除了單純的酸與甜，有些酸甜汁已經設計成特定的調酒口味，像是只差加入伏特加的柯夢波丹汁、只差龍舌蘭的瑪格麗特汁，只要再買冰塊與酒，就能輕鬆懶人超簡派調酒。

我調酸甜汁會加一點君度橙酒，比例是檸檬汁：純糖漿：君度橙酒＝4：3：1，視酸度再略為調整，這個比例適合用30ml的汁液搭配60ml烈酒調製短飲，或用40ml的汁液搭配60ml烈酒調製長飲（加冰飲用並加入少量碳酸飲料）。混用一些黃檸檬的果汁，會讓酸甜汁的風味更好。

荊棘（Bramble）

技法：搖盪法
杯具：古典杯

＝材料＝

45ml 琴酒   30ml 檸檬汁
15ml 純糖漿   15ml 黑莓香甜酒

＝作法＝

· 將前三種材料倒入雪克杯，加入冰塊搖盪均勻
· 濾掉冰塊，將酒液倒入裝滿碎冰的古典杯
· 淋上黑莓香甜酒，以莓果與橙片作為裝飾

098 調酒師從雪克杯倒酒時 最後甩那一下是？

調酒師在使用雪克杯濾出酒液的最後，會往背後或側面以極為迅速的動作抽動雪克杯，收回後迅速闔上雪克杯上蓋，像極了拔刀術後收劍入鞘的動作。

這個動作不只帥而已，其實它還有一個目的是**抖振出殘餘在冰塊表面的扣酒**。搖盪完成後，無論使用波士頓還是酷伯樂雪克杯，調酒師在濾出酒液到末段會開始加速搖晃，這是為了讓殘餘酒液更快地流出。最後那一抽會讓冰塊往雪克杯另一端撞擊，盡可能逼出殘留在冰塊表面的酒，也因為冰塊暫時離開了中蓋的濾網（或隔冰匙），剩下的酒液也能更順暢地流出。

什麼因素會影響扣酒呢？重點在使用的冰塊種類：相同重量的冰塊，冰塊體積越小數量越多，冰塊與液體接觸表面積就會變大，扣酒也會越嚴重（這就是不推薦使用超商中空小冰塊的原因）。相反地，使用越大顆的冰塊，接觸表面積變小，扣酒的問題就相對的不嚴重。

所以搖盪或攪拌使用的冰塊越大越好嗎？不是，冰塊體積越大冷卻效果越不好，也因為沒有辦法產生大量的空隙，打入空氣的效果也會比較差。如果想進一步瞭解冰塊大小、數量、技法與對應的雞尾酒類型，日本調酒師山田高史與宮之原拓男合著的《圖解雞尾酒技法》一書中有專文的介紹。

如果用了搖盪後會產生大量泡沫的材料（鳳梨汁、蛋、奶油等），扣酒的狀況也會特別明顯，這時只能透過快速的搖晃、盡可能一開始倒酒時就讓第一波酒液帶出大部分液體，也可以減少扣酒並倒出更多賞心悅目的泡沫。

百萬美元（Million Dollar）

技法：搖盪法

杯具：淺碟香檳杯

＝材料＝

45ml 琴酒

25ml 鳳梨汁

1tsp 紅石榴糖漿

20ml 甜香艾酒

30ml 蛋白

＝作法＝

·將所有材料倒入雪克杯，使用奶泡器打勻至液面起泡

·加入冰塊搖盪均勻，濾掉冰塊將酒液倒入淺碟香檳杯

·以鳳梨角作爲裝飾

099 無糖、去冰、加酒⋯⋯ 這樣點酒真的很瞎嗎？

臺灣因為手搖飲料店很流行，讓大家點飲料各自養成偏好的習慣，經常有同學好奇：如果在酒吧也這樣要求調酒師，到底是不是一個很瞎的行為？

其實調酒師對於不熟調酒或是求推薦的酒客，也大多是以酸、甜、風味、濃烈這些向度去確認客人的喜好，對於經典雞尾酒大多能依需求略為調整，但有些調酒師會希望作品呈現特定風格，異動比例可能會被委婉拒絕。

有些同學平常喝習慣無糖飲料，在活動中調酒會選擇不加糖漿，但喝了一口要求補加的情形很常見。調酒加糖有時並不是為了喝到明顯甜味，而是要讓口感平衡──即使是標示不甜（Brut）的香檳，裡面還是有含糖，只是低到我們喝不出來；即使是不甜的London Dry Gin，也允許每公升有0.1g內的含糖量，或許我們喝不出來「比較甜」，但能感覺好像「比較順」。

加酒、加烈這種需求我建議不要，因為任何調酒單純增加基酒比例，除了變濃之外，酸、甜、苦的平衡也會跑掉，如果其他材料也等比例增加，那⋯⋯就像一個便當吃不飽，你為什麼不點兩個呢？我曾看過加Shot加價的酒單，但也不是適用於全酒單，總之想醉就點兩杯，想濃⋯⋯為什麼不點高濃度調酒呢？

如果只能將雞尾酒分成兩種，通常會分為短飲與長飲（前者飲用時沒有冰塊，後者飲用時會加入冰塊）。理想中，短飲約15分鐘、長飲則是30分鐘內喝完⋯⋯但這真的很看人，有些人點短飲馬丁尼一杯喝一兩個小時，也有重型醉漢長飲當短飲喝、短飲當秒飲喝，這時有沒有冰杯、有沒有去冰就已經無所謂啦～

去冰少冰是一個尷尬的問題。手搖飲料店都用同一種杯子裝盛，外面也不會放裝飾物，但調酒不一樣，去冰或少冰都無可避免地會改變杯型，如果不改變杯型就只能調整材料比例。關於這點我比較偏激：如果不想要冰塊，建議直接點短飲雞尾酒，或是能接受長飲去冰後，裝在杯子裡好像被偷喝過，那就點吧！

我覺得最理想的狀況是這樣：到了新酒吧遇到新調酒師，不要預設立場，就點最常喝或最熟的雞尾酒，過程中通常會被詢問感想，如果喜歡就大加讚賞，有任何想法也不要客套。覺得偏甜？希望別那麼酸？想要酒感更強？禮貌地回饋給調酒師、聽聽他的建議，希望你的下一杯會更好！

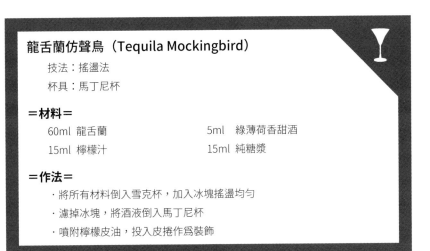

龍舌蘭仿聲鳥（Tequila Mockingbird）

技法：搖盪法

杯具：馬丁尼杯

＝材料＝

60ml 龍舌蘭　　　　　　　5ml　綠薄荷香甜酒

15ml 檸檬汁　　　　　　　15ml 純糖漿

＝作法＝

．將所有材料倒入雪克杯，加入冰塊搖盪均勻

．濾掉冰塊，將酒液倒入馬丁尼杯

．噴附檸檬皮油，投入皮捲作爲裝飾

100 | 為什麼在酒吧喝調酒這麼貴？

我剛開始接觸調酒的時候，即使是單價高一點的酒吧，每杯價位大多是落在300元上下，一般酒吧則是200元左右。時至今日，結帳時加上服務費，一杯均價四五百的酒吧已經很常見了，即使考量物價上漲，以臺灣人均收入和單杯雞尾酒的價格來看，在臺灣喝調酒真的算是奢侈的消費。

有些同學自己在家調酒後，難免會有疑問：「這些材料這麼便宜，為什麼酒吧的調酒這麼貴？」「酒吧訂這些東西一定更便宜，酒水利潤是不是高的嚇人？」「酒吧用的跟我不是一樣的酒嗎？又沒有特別高級？」

如果**只考慮材料本身的成本**，酒水的毛利確實很可觀。以馬丁尼為例，就算是用到頂級琴酒與頂級香艾酒（酒吧進價分別約為1,200和900元），一杯酒的成本是多少呢？答案是不到120元，成本約為售價的四分之一，而且這還是材料用到頂的數字，如果用平價琴酒與常見的香艾酒，你覺得合理的價格是多少呢？

但經營酒吧就跟其他餐飲業一樣，不是只有考慮食材的成本而已，就像鬍鬚張說要漲價，網路上就會有論戰是一樣的道理。酒吧販售的，從來就不只是酒，還有整個氛圍與感受，或許有人會說餐廳不也一樣，不然怎麼會有網美店這種詭異的分類方式？是的，就是願者買單。

在臺灣喝調酒會讓人覺得貴，有一部分是因為喝調酒的文化尚未普及，我們還沒有那種下了班就是要喝一杯的習慣，也沒有連喝好幾間的續攤行程，大部分的人選擇在特殊節日、約會或慶祝某事才去酒吧。如果越來越多人開始喝調酒懂調酒、更頻繁地上酒吧，需求一大就會有更多人投入產業，**收入／雞尾酒均價**可能就會更趨近歐美的狀況。

講個題外話，別再說臺灣人愛喝酒、酒量很好了，臺灣人酒量超廢是有科學實證的，至於愛不愛喝酒嘛……我常在居酒屋看到整桌都點汽水的客人，也曾到過沒有供酒的日本料理店，更困擾的是在有提供啤酒的餐廳裡，因為幾乎沒人點所以啤酒根本沒冰，有人點啤酒時，店員還一臉驚恐好像從來沒有接過這種單。

　　我們都知道老外餐搭酒已經是一種習慣，有時候餐還沒點就會先點酒，餐廳的收入很大一部分是靠酒水來支撐（就算不喝酒，點水也要錢）。如果吃飯就是要喝酒在臺灣也形成習慣，想必餐飲業會樂於提供更多選擇，價位也會越來越能讓人接受才是。

王者的微笑（Royal Smile）

　　技法：搖盪法
　　杯具：馬丁尼杯

＝材料＝

45ml　蘋果白蘭地　　　　　15ml　英式倫敦琴酒
15ml　檸檬汁　　　　　　　10ml　純糖漿
2tsp　紅石榴糖漿

＝作法＝

・將所有材料倒入雪克杯，加入冰塊搖盪均勻
・濾掉冰塊，將酒液倒入馬丁尼杯
・噴附檸檬皮油，投入皮捲作為裝飾

101 你最喜歡喝什麼酒啊？

　　相信很多調酒師都被問過這個問題，這很好理解，因為「巷子內」的人喜歡的應該是好東西，我跟同事們也很常被問最喜歡哪杯調酒，但老實說我從來沒有認真想過這個問題。

　　既然是寫書可以好好回答，我就靜下來問了自己一個問題：「如果接下來的人生只能喝到五杯調酒，你會怎麼做選擇？」以下是我認真掙扎後的選擇（文長慎入唷）：

- ・側車
- ・鳳梨可樂達
- ・霜凍瑪格麗特（Frozen Margarita）
- ・苦艾酒芙萊蓓
- ・威士忌蘇打

　　先來聊**側車**。大學開始接觸調酒後就經常自己亂喝亂調，2008年我和家人去了一趟北海道，有一晚住在札幌的京王廣場飯店，發現飯店有酒吧決定去看看，那是我第一次在日本的酒吧喝酒。

　　調酒師讓我印象非常深刻，我用英文點了曼哈頓，阿圈點了側車。他當時想了一下，很高興地說出「塞都喀」跟「蠻哈蛋」，那個晚上我們用超破的英文夾日文閒聊，我表達對調酒的興趣，也告訴他牆上有些酒很可惜臺灣買不到。

　　就在我們準備要離開時，調酒師說他剛剛有打電話去一間酒專，確認過那些酒全部都有現貨，他能幫我們叫車並與司機確認地址。我那時整個嚇傻，本來以為只是隨口閒聊，他居然都記下來了。那個晚上的側車或許不是我喝過最好喝的，但一定是我最有記憶點的一杯側車。

　　回國後沒多久，我開始撰寫**癮型人的調酒世界**部落格，為了拍照與介紹我到

處買酒。其中，唯一不用花錢買的就是干邑，因為在那個機場免稅店價格真的省很大的年代，家中長輩出國不是買酒就是帶菸；菸會壞要趕快抽，但酒不會壞，而且干邑很貴捨不得喝，就這樣像神主牌擺著一起陪我長大。

當他們經濟上已經有餘力開這些酒的時候，身體卻已經不太能喝了，還好他們有個「孝順」的晚輩正好在研究調酒，這些干邑就這樣讓我一一斷頭試酒（現在想想真是太奢侈ㄌ），管你是V.S.O.P.還是X.O.，通通都拿去調側車。這杯酒不只是練習，更是無聊不知道要喝什麼酒、又想省錢的首選。

接著是**鳳梨可樂達**。雖然我本來就很喜歡椰味的甜點或料理，但剛接觸這杯酒的印象普普通通，因為當時蘭姆酒選擇少，鳳梨汁也只有台鳳。後來我們改用慢磨機現磨鳳梨汁，也找到極佳的椰漿替代品（名為Real的椰子糖漿，我上本書有介紹過，可惜已停止進口），調出我自己喝到嚇到的鳳梨可樂達。如果熱帶、提基系調酒只能選一杯，它就是我的首選。

不過這杯酒並不是人人都喜歡，椰子會先讓很多人卻步，不喜歡鳳梨的醫護人員也會打槍[1]，在臺灣的酒吧相對少見（尤其是高消費的酒吧），但只要有出現在酒單上我就會點來試試，國外就很流行這杯酒，在觀光區隨便亂點亂喝都好喝（嗚嗚好想出國啊）。

喜歡**霜凍瑪格麗特**的理由很簡單：夠冰，我喜歡那種冰到腦門的快感，所以霜凍黛綺莉、霜凍什麼都可以，本篇附錄的霜凍賽澤瑞克打破了我以往「只有酸甜調酒能做霜凍」的刻板印象。對，我就是有霜凍就80分起跳的腦粉。

剛接觸調酒時家裡剛好添購了Vitamix這臺攪拌器，它能把霜凍打到非常綿密的狀態，只要冰塊的量有抓好，可以打到完全沒有顆粒，也沒有液體（要用挖的才能倒出來）的狀態，而且調這杯我完全憑感覺，想喝多大杯就喝多大杯，味道不對了就隨時調整加料這樣。

順帶一提，我常被問有沒有什麼「失身酒」？含蓄一點的問法是，有沒有那種酒很濃但是喝不出酒味的酒？我直覺想到的就是霜凍，因為它太冰又有酸甜味，根本喝不出酒味，雖然酒精濃度不高，但很容易喝得太快太多，最後就這樣

1. 編注：鳳梨的臺語諧音「旺來」，在臺灣的醫療職場文化中相當忌諱，執著於這個迷信的人認為這會導致工作量與負擔增加。

毛利小五郎開飛航模式ㄅ。

如果這個問題改成只能選一杯，我應該會選**苦艾酒芙萊蓓**。剛開始接觸苦艾酒時我也和大部分的人一樣：「這到底是什麼鬼？」酒精濃度這麼濃、甜度這麼高還有強烈的藥草味？

但歷史上有那麼多名人都喜歡喝苦艾酒，而且用到苦艾酒的經典調酒這麼多，覺得不好喝應該是我的問題吧？於是我開始苦艾酒見到一瓶買一瓶，臺灣買不到還出國買，喝著喝著，有一天突然發現我不只是嘗試而已，而是在不知不覺已經喜歡上它的風味了！

苦艾酒芙萊蓓結合了我最喜歡的元素：**超冰、裴喬氏苦精、蘇打水以及最重要的苦艾酒**。我們在苦艾酒的活動中，經常有被朋友帶來初嚐苦艾酒的同學，有一場剛好這樣的同學很多，在品飲階段已經黑人問號，等到調這杯酒時直接棄飲。那天我就這樣喝了八杯的苦艾酒芙萊蓓，在上班時間直接登出，後來發生的事情都是由同事轉述才知道，2020年最瞎的一天就是因為這杯酒。

但如果要問喝過最多、最常調的酒，一定是**威士忌蘇打**。臺灣這幾年有越來越多的「無糖、無調味」的蘇打水上市，但在只有舒味思的年代我就已經有純飲蘇打水的習慣，當我們開始進巫山（Wilkinson）蘇打水後，一天一瓶蘇打水，先純喝、再調威士忌就這樣成為夜間的儀式行為。

因為工作我常常要開酒寫文案，各種開過的威士忌不知道怎麼辦，只好帶回家「消滅」，其中最簡單、最輕鬆的方式就是高球。上班已經一直在調酒，下班不要那麼累好嗎？加上威士忌本身不含醣，搭餐暢快飲用比較不會有喝啤酒的罪惡感⋯⋯

2017年，我們門市裝了一臺俗稱「企鵝牌」的蘇打水機，是營業用蘇打水機中能打入最強二氧化碳的機型。為了能有這麼強的溶解度，機器將水冷卻到近乎0℃，冰爆的碳酸口感讓我一喝就上癮，每天下班就是裝個幾瓶回家搭威士忌。現在除非是不得已，水我只喝蘇打水，**冰塊、二氧化碳與乙醇**大概就是我的人生三寶吧！

如果還能再選五杯酒，我會選**香檳雞尾酒、莫希托、皮姆之杯、一脫成名與老爺車**，給各位參考看看囉！

霜凍賽澤瑞克（Frozen Sazerec）

技法：混合法

杯具：飛碟杯

＝材料＝

50ml	野火雞裸麥威士忌	20ml	純糖漿
1tsp	源創苦艾酒	5dash	裴喬氏苦精
1dash	安格式芳香苦精		

＝作法＝

· 將所有材料倒入攪拌器，加入適量冰塊

· 啟動攪拌器打勻所有材料，倒入杯中

· 以蔓越莓作為裝飾

* 改編自Klaus St. Rainer所著Cocktails一書的酒譜

調酒圖索引

搖尾巴
Wagging P.10

蘿西塔
Rosita P.12

惡魔
El Diablo P.14

詩人之夢
Poet's Dream P.16

琴和義
Gin & It P.19

苦艾酒蘇伊薩斯
Absinthe Suissesse P.23

苦艾酒蘇伊薩斯
（超簡派版本） P.23

三位一體
Trinité P.25

白蘭地費克斯
Brandy Fix P.27

紅色高跟鞋
Red high heel P.34

婚禮鐘聲
Wedding Bells P.36

草莓黛綺莉
Strawberry Daiquiri P.39

巨峰莫希托
Kyoho Mojito
P.39

藍色珊瑚礁
Blue Lagoon
P.41

燒酒丁尼
Shochutini
P.43

YOYO 三重奏
YOYO Trio
P.45

床第之間
Between the Sheets
P.49

老爺車
Classic Car
P.51

蛋蛋的哀傷
Egg's Sorrow
P.55

颶風
Hurricane
P.57

公賣局側車
TTL Sidecar
P.59

西班牙琴通寧
Gin Tonica
P.63

白色吊帶襪
White Nylon
P.65

蜜蜂之膝
Bee's Knees
P.66

調酒圖索引

M&M

梅茲卡爾瑪格麗特
Mezcal Margarita
P.101

琴蕾 24
Gimlet 24
P.104

傑克薑薑
Ginger Jack
P.108

金色凱迪拉克
Golden Cadillac
P.110

石鬼面
No Longer Human
P.112

地震
Earthquake
P.115

健力士派對酒
Guinness Punch
P.116

髒髒ㄅ香蕉
Dirty Banana
P.120

草莓百分百
いちご 100%
P.123

奧林匹克
Olympic
P.125

紐約酸酒
New York Sour
P.127

調酒圖索引

皮姆之杯
Pimm's Cup　　P.167

米奇拉達
Micheladas　　P.169

亞普羅之霧
Aperol Spiritz　　P.171

湯米的瑪格麗特
Tommy's Margarita　　P.173

脫星馬丁尼
Pornstar Martini　　P.175

殭屍
Zombie　　P.178

愛爾蘭咖啡
Irish Coffee　　P.180

海明威黛綺莉
Hemingway Daiquiri　　P.182

銀色子彈
Silver Bullet　　P.184

蘭姆水上漂
Rum Runner　　P.187

神戶式高球
神戶ハイボール　　P.190

錯誤的內格羅尼
Negroni Sbagliato　　P.193

調酒圖索引

藍色夏威夷
Blue Hawaii　　　P.223

內華達
Nevada　　　P.228

三葉草俱樂部
Clover Club　　　P.228

卓別林
Chaplin　　　P.231

傑克蘿絲
Jack Rose　　　P.231

白內格羅尼
White Negroni　　　P.234

調情
Hanky Panky　　　P.234

阿爾諾
Arnaud　　　P.237

蔓越莓卡琶莉亞
Cranberry Caipirinha　P.240

盤尼西林
Penicillin　　　P.243

血與沙
Blood & Sand　　　P.245

黑面蔡
Hei mien tsai　　　P.247

調酒圖索引

托卡伊冰茶
Tokaji Iced Tea **P.250**

熱奶油蘭姆
Hot Buttered Rum **P.252**

橫濱
Yokohama **P.254**

神風特攻隊
Kamikaze **P.257**

皇后公園希維索
Queen's Park Swizzle **P.259**

荊棘
Bramble **P.261**

百萬美元
Million Dollar **P.263**

龍舌蘭仿聲鳥
Tequila Mockingbird **P.265**

王者的微笑
Royal Smile **P.267**

霜凍賽澤瑞克
Frozen Sazerec **P.271**

🍸 調酒索引－中英對照

▼ 調酒索引－英中對照

材料與酒款—中英對照

白蘭地

干邑白蘭地 Cognac

櫻桃白蘭地 Cherry Brandy

櫻桃白蘭地（真） Kirsch

伏特加

生命之水 Spirytus Rektyfikowany

灰雁 Grey Goose

俄羅斯斯丹達 Russian Standard

帝威 Imperia

雪樹 Belvedere

絕對 Absolut

詩洛珂 Ciroc

鱘龍魚 Beluga

威士忌

伊凡威廉 Evan Williams

杜卡迪 Ducati

金賓 Jim Beam

野火雞 101 波本威士忌 Wile Turkey Bourbon Whiskey

野火雞裸麥威士忌 Wild Turkey Rye Whiskey

傑克丹尼爾 Jack Daniel's

苦艾酒

湧泉之屋巧克力苦艾酒 La Maison Fontaine chocolat

源創苦艾酒 Absinthe Ordinaire

苦酒

肯巴利苦酒 Campari

勒薩多菲內特苦酒 Luxardo Fernet

菲內特苦酒 Fernet

蒙特內格羅苦酒 Montenegro amaro

苦精

安格式芳香苦精 Angostura Aromatic Bitters

安格式柑橘苦精 Angostura Orange Bitter

克里奧風格苦精 The Bitter Truth Creole

裴喬氏苦精 Peychaud's Bitters

香艾酒

朵琳甜香艾酒 Dolin Dry

琴夏洛香艾酒 Cinzano

諾麗帕不甜香艾酒 Noilly Prat Original Dry

香甜酒

加力安諾茴香酒 Galliano

卡魯哇咖啡酒 Kahlúa

卡騰黑醋栗香甜酒 Joseph Cartron Crème De Cassis De Bourgo

卡騰煙燻紅茶香甜酒 Joseph Cartron Black Smoked Tea

卡騰瑪黛茶香甜酒 Joseph Cartron The Vert Mate

可可香甜酒 Crème de cacao

吉寶香甜酒 Drambuie

多寶力 Dubonnet Liqueur

杏仁香甜酒 Amaretto

杏桃香甜酒 Apricot Liqueur

貝禮詩奶酒 Baileys Irish Cream

亞普羅 Aperol

玫蓉娜德哈密瓜香甜酒 Melonade Melon Liqueur

柑曼怡 Grand Marnier Liqueur

迪莎蘿娜杏仁香甜酒 Disaronno Originale Almond Liqueur

庫拉索酒 Curaçao

班尼迪克丁 Benedictine

勒薩多咖啡香甜酒 Luxardo Espresso Liqueur

勒薩多柑橘香甜酒 Luxardo Triplum

勒薩多莫拉克之血櫻桃香甜酒 Luxardo Cherry Sangue Morlacco Liqueur

勒薩多酸蘋果酒 Luxardo Sour Apple

莫札特白巧克力香甜酒 Mozart

White Chocolate Liqueur

富蘭傑利可榛果香甜酒 Frangelico Hazelnut Liqueur

紫羅蘭香甜酒 Crème de Violette

費勒南香甜酒 Falernum Liqueur

黃色夏特勒茲 Chartreuse Jaune Yellow Liqueur

聖傑曼接骨木花香甜酒 St-Germain Elderflower Liqueur

蜜多麗蜜瓜香甜酒 Midori Melon Liqueur

赫冰葛纜子香甜酒 Helbing Hamburg's Kümmel

樂傑草莓香甜酒 Lejay - Strawberry Liqueur

薄荷香甜酒 Crème de Menthe

藍柑橘香甜酒 Blue Curaçao Liqueur

櫻桃香甜酒 Cherry Liqueur

通寧水

芬味樹 Fever-Tree

梵提曼 Fentimans

湯瑪士亨利 Thomas Henry

琴酒

六角琴酒 ROKU

老湯姆琴酒 Old Tom Gin

亨利爵士琴酒 Hendrick's

坦奎利琴酒 Tanqueray London Dry Gin

坦奎利賽維拉橙酒 Tanqueray Flor de Sevilla

英人琴酒 Beefeater Gin

浴缸琴酒 Bathtub Gin

海軍強度琴酒 Navy Strenth Gin

高登 Goldon's Gin

野莓琴酒 Sloe Gin

龐貝琴酒 Bombay Sapphire

龍舌蘭

培恩龍舌蘭 Patrón Tequila

梅茲卡爾 Mezcal

經典版金快活龍舌蘭 Jose Cuervo Tradicional Reposado

藍色龍舌蘭 Blue Agave

蘭姆酒

戈斯林 151 蘭姆酒 Goslings Black Seal 151 Proof Rum

外交官 12 年蘭姆酒 Diplomàtico Reserva Exclusiva Rum

史基普德瑪拉拉深色蘭姆酒 Skipper Demerara Rum

甘蔗之花 4 年蘭姆酒 Flor de Caña 4 Year Extra Seco Rum

百家得 Bacardi

哈瓦那俱樂部 7 年蘭姆酒 Havana Club Anjeo 7Y Rum

瑞特 XO 蘭姆酒 Pyrat XO Reserve Rum

蘭姆酒 Rum

其他

卡夏莎 Cachaça

中性烈酒 Neutral Spirit

卡拉維多特濃情皮斯可 La Caravedo Pisco Puro Torontel

加烈葡萄酒 Fortified Wine

白麗葉酒 Lillet Blanc

君度橙酒 Cointreau

坎帕諾經典 Carpano Classico

赤無雙薩摩芋 赤さつま無双芋

波西可 Prosecco

波特酒 Port

芙樂夏 Prucia

保虹草莓果泥 Boiron Frozen Strawberry Puree

氣泡酒 Sparkling Wine

班尼迪克丁 Benedictine

清酒 Sake

蛋杯 Coquetier

雪莉酒 Jerez

堤芬 Tiffin

電氣白蘭 Denki Bran

瑪拉斯奇諾 Maraschino

燒酎 Shochu

醒酒水 Chaser

蘇茲酒 Suze

癮型人乾杯問答101：漫遊調酒世界不NG / 癮
型人作. -- 初版. -- 臺北市：積木文化：英屬蓋
曼群島商家庭傳媒股份有限公司城邦分公司
發行, 2022.12
面；　公分
ISBN 978-986-459-469-6(平裝)

1.CST: 調酒 2.CST: 飲酒

427.43　　　　　　　　　　　111018732

癮型人乾杯問答101

漫遊調酒世界不NG

作　　　　者 / 癮型人
攝　　　　影 / 王嘉信Peter Wang

總　編　輯 / 王秀婷
責 任 編 輯 / 郭羽漫
版　　　　權 / 徐昉驊
行 銷 業 務 / 黃明雪

發　行　人 / 涂玉雲
出　　　　版 / 積木文化
　　　　　　104台北市民生東路二段141號5樓
　　　　　　電話：(02)2500-7696　傳真：(02)2500-1953
　　　　　　官方部落格：http://cubepress.com.tw/
　　　　　　讀者服務信箱：service_cube@hmg.com.tw
發　　　　行 / 英屬蓋曼群島商家庭傳媒股份有限公司城邦分公司
　　　　　　臺北市民生東路二段141號2樓
　　　　　　讀者服務專線：(02)25007718-9　24小時傳真專線：(02)25001990-1
　　　　　　服務時間：週一至週五09:30-12:00、13:30-17:00
　　　　　　郵撥：19863813　戶名：書虫股份有限公司
　　　　　　網站：城邦讀書花園　網址：www.cite.com.tw
香港發行所 / 城邦（香港）出版集團有限公司
　　　　　　香港灣仔駱克道193號東超商業中心1樓
　　　　　　電話：+852-25086231　傳真：+852-25789337
　　　　　　電子信箱：hkcite@biznetvigator.com
馬新發行所 / 城邦（馬新）出版集團Cite (M) Sdn Bhd
　　　　　　41, Jalan Radin Anum, Bandar Baru Sri Petaling, 57000 Kuala Lumpur, Malaysia.
　　　　　　電話：(603)90563833　傳真：(603) 90576622
　　　　　　電子信箱：services@cite.my

封 面 設 計 / PURE
內 頁 排 版 / PURE
製 版 印 刷 / 上晴彩色印刷製版有限公司

【印刷版】
2022年12月15日 初版一刷　　　Printed in Taiwan.
售價 / 550元
ISBN / 978-986-459-469-6
版權所有 · 翻印必究

【電子版】
2022年12月
ISBN / 978-986-459-470-2（EPUB）